解　读　地　球　密　码

丛书主编　孔庆友

地球的外壳

岩石

Rock

The Outer Shell of the Earth

本书主编　张春池　戴广凯　宋英昕

山东科学技术出版社
·济南·

图书在版编目（CIP）数据

地球的外壳——岩石 / 张春池，戴广凯，宋英昕主编 .-- 济南：山东科学技术出版社，2016.6（2023.4 重印）
（解读地球密码）
ISBN 978-7-5331-8344-8

Ⅰ.①地… Ⅱ.①张… ②戴… ③宋… Ⅲ.①岩石—普及读物 Ⅳ.① P583-49

中国版本图书馆 CIP 数据核字 (2016) 第 141387 号

丛书主编　孔庆友
本书主编　张春池　戴广凯　宋英昕

地球的外壳——岩石
DIQIU DE WAIKE——YANSHI

责任编辑：焦　卫
装帧设计：魏　然

主管单位：山东出版传媒股份有限公司
出 版 者：山东科学技术出版社
地址：济南市市中区舜耕路 517 号
邮编：250003　电话：（0531）82098088
网址：www.lkj.com.cn
电子邮件：sdkj@sdcbcm.com
发 行 者：山东科学技术出版社
地址：济南市市中区舜耕路 517 号
邮编：250003　电话：（0531）82098067
印 刷 者：三河市嵩川印刷有限公司
地址：三河市杨庄镇肖庄子
邮编：065200　电话：（0316）3650395

规格：16 开（185 mm × 240 mm）
印张：6.75　字数：122 千
版次：2016 年 6 月第 1 版　印次：2023 年 4 月第 4 次印刷
定价：35.00 元

审图号：GS（2017）1091 号

普及地質科学知识
提高民族科学素質

李廷栋
2016年元月

传播地学知识，弘扬科学精神，践行绿色发展观，为建设美好地球村而努力。

翟裕生

2015年10月

贺　词

自然资源、自然环境、自然灾害，这些人类面临的重大课题都与地学密切相关，山东同仁编著的《解读地球密码》科普丛书以地学原理和地质事实科学、真实、通俗地回答了公众关心的问题。相信其出版对于普及地学知识，提高全民科学素质，具有重大意义，并将促进我国地学科普事业的发展。

国土资源部总工程师

编辑出版《解读地球密码》科普丛书，举行业之力，集众家之言，解地球之理，展齐鲁之貌，结地学之果，蔚为大观，实为壮举，必将广布社会，流传长远。人类只有一个地球，只有认识地球、热爱地球，才能保护地球、珍惜地球，使人地合一、时空长存、宇宙永昌、乾坤安宁。

山东省国土资源厅副厅长

编著者寄语

★ 地学是关于地球科学的学问。它是数、理、化、天、地、生、农、工、医九大学科之一，既是一门基础科学，也是一门应用科学。

★ 地球是我们的生存之地、衣食之源。地学与人类的生产生活和经济社会可持续发展紧密相连。

★ 以地学理论说清道理，以地质现象揭秘释惑，以地学领域广采博引，是本丛书最大的特色。

★ 普及地球科学知识，提高全民科学素质，突出科学性、知识性和趣味性，是编著者的应尽责任和共同愿望。

★ 本丛书参考了大量资料和网络信息，得到了诸作者、有关网站和单位的热情帮助和鼎力支持，在此一并表示由衷谢意！

科学指导

李廷栋　中国科学院院士、著名地质学家

翟裕生　中国科学院院士、著名矿床学家

编著委员会

主　　任　刘俭朴　李　琥

副 主 任　张庆坤　王桂鹏　徐军祥　刘祥元　武旭仁　屈绍东
刘兴旺　杜长征　侯成桥　臧桂茂　刘圣刚　孟祥军

主　　编　孔庆友

副 主 编　张天祯　方宝明　于学峰　张鲁府　常允新　刘书才

编　　委　（以姓氏笔画为序）

卫　伟　王　经　王世进　王光信　王来明　王怀洪
王学尧　王德敬　方　明　方庆海　左晓敏　石业迎
冯克印　邢　锋　邢俊昊　曲延波　吕大炜　吕晓亮
朱友强　刘小琼　刘凤臣　刘洪亮　刘海泉　刘继太
刘瑞华　孙　斌　杜圣贤　李　壮　李大鹏　李玉章
李金镇　李香臣　李勇普　杨丽芝　吴国栋　宋志勇
宋明春　宋香锁　宋晓媚　张　峰　张　震　张永伟
张作金　张春池　张增奇　陈　军　陈　诚　陈国栋
范士彦　郑福华　赵　琳　赵书泉　郝兴中　郝言平
胡　戈　胡智勇　侯明兰　姜文娟　祝德成　姚春梅
贺　敬　徐　品　高树学　高善坤　郭加朋　郭宝奎
梁吉坡　董　强　韩代成　颜景生　潘拥军　戴广凯

编辑统筹　宋晓媚　左晓敏

目录

CONTENTS

Part 1 什么是岩石

Part 2 岩浆岩探秘

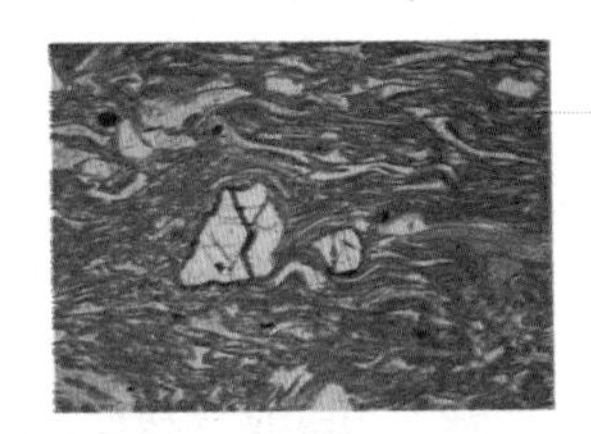

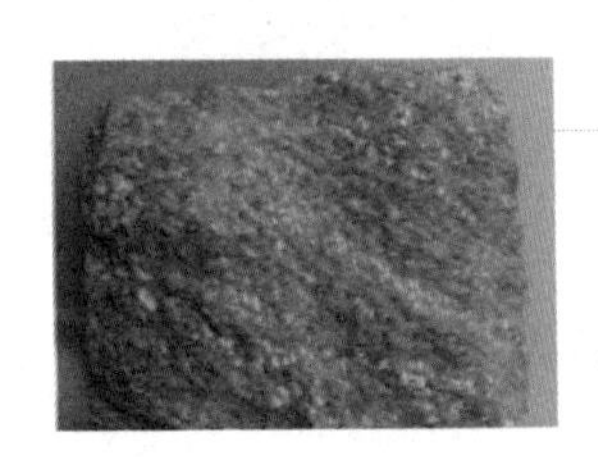

Part 3 沉积岩解读

Part 5 我们身边的岩石

天然玉石是指由自然界产出，具有美观、耐久、稀少性和工艺价值的矿物集合体，少数为非晶质体。我国的玉石包括和田玉、岫岩玉、独山玉、玛瑙、绿松石、青金石、孔雀石等。

印章石又称印石，是以叶蜡石为主组成的一种石料，质地密软，用以雕刻印章和艺术品。中国四大印章石分别是寿山石、青田石、昌化石和巴林石。

岩石自古以来就是人们最常用的建筑材料。无石不成园，石头已成为中国古典园林中最基本的造园要素之一。

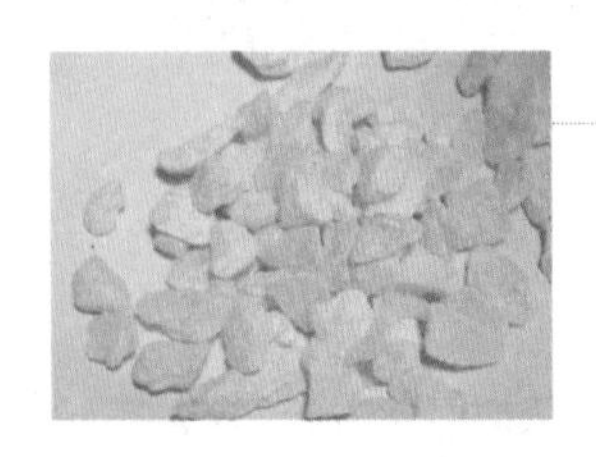

许多岩石都是重要的中药用原料。矿物药就是指经传统加工炮制，使用于传统医药的单矿物或矿物集合体。

地学知识窗

什么是岩石

岩石是由矿物或类似矿物的物质（如有机质、玻璃、非晶质等）组成的固体集合体。多数岩石由不同矿物组成，单矿物的岩石较少。主要的造岩矿物为橄榄石、辉石、角闪石、黑云母、石英、钾长石、斜长石等。岩石可分为岩浆岩、沉积岩和变质岩三大类，虽然具有不同的形成环境和条件，但是它们之间可以相互转换。

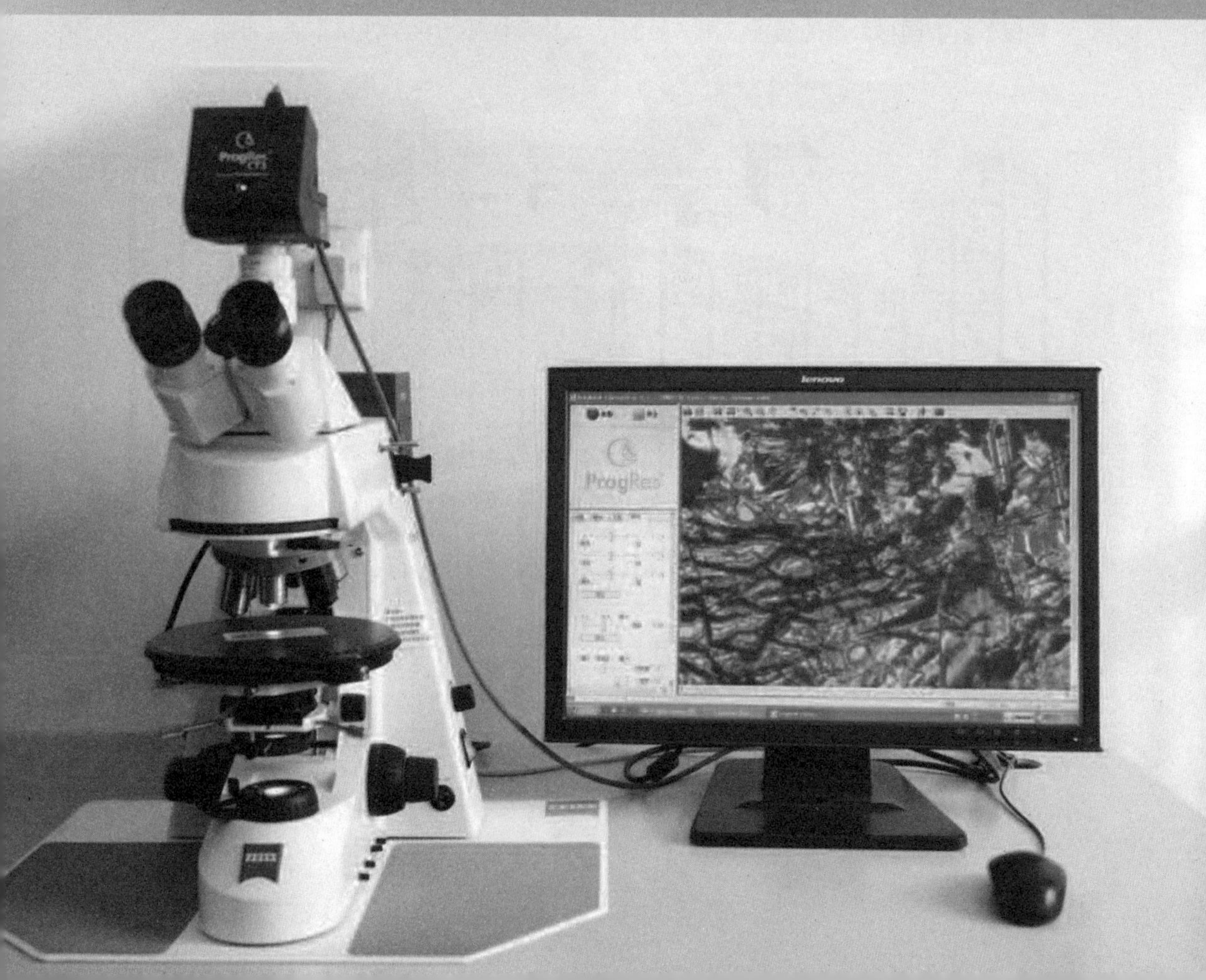

岩石认知

地壳由各种岩石组成，而岩石则是矿物的集合体，矿物又由各种化学元素结合而成。

元素，又称化学元素。自然界中有一百多种基本的金属和非金属元素，它们的单质只由一种原子组成，其原子中的每一种核子具有同样数量的质子，用一般的化学方法不能使之分解，并且能构成一切物质。每种元素具有固定的原子序数，在元素周期表中分别占有固定位置（图1-1）。同种元素的原子具有的中子数可以不同，因而具有不同的原子量。具有不同原子量的同种元素互称为同位素。同种元素的同位素的物理性质与化学性质本质上相同。

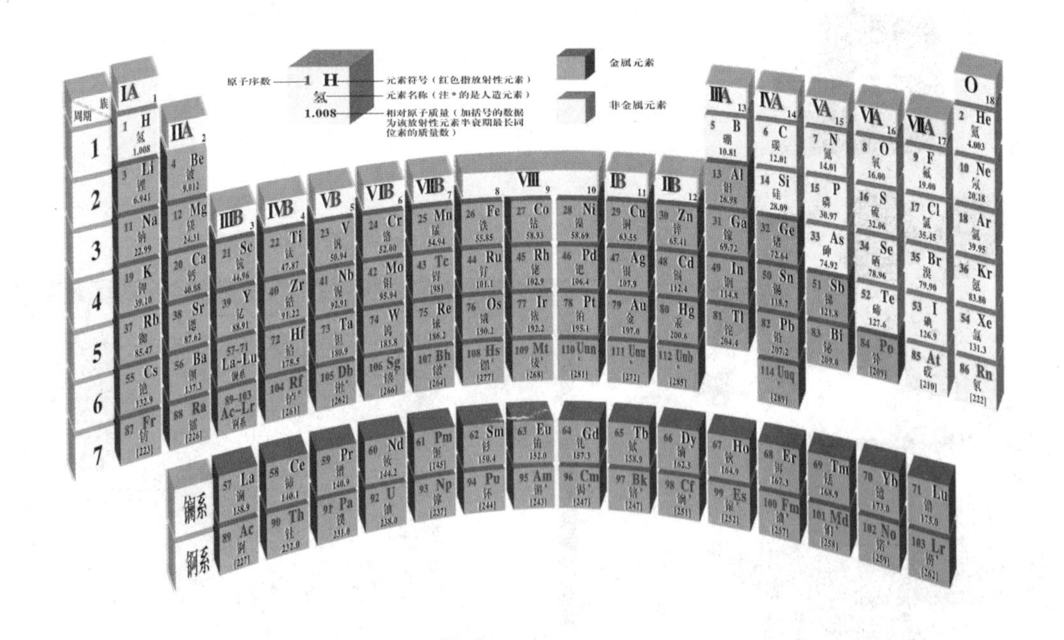

图1-1 元素周期表

矿物是地壳中天然形成的单质或化合物，具有一定的化学成分和内部结构，因而具有一定的物理、化学性质及外部形态。自然界大多数矿物是由两种以上的元素组成的化合物，如石英（SiO_2）、方解石（$CaCO_3$）、磁铁矿（Fe_3O_4）等；少数是由一种元素组成的单质矿物，如自然金（Au）、自然硫（S）、金刚石（C）等。在通常状况下，绝大多数矿物是固体，只有极少数是液体，如自然汞（Hg）、水（H_2O）等。

岩石是由矿物或类似矿物的物质（如有机质、玻璃、非晶质等）组成的固体集合体。多数岩石由不同矿物组成，单矿物的岩石较少。主要的造岩矿物为橄榄石、辉石、角闪石、黑云母、石英、长石等（图1-2、图1-3）。岩石一般是指自然界产出的矿物集合体。人工合成的矿物集合体，如陶瓷等不叫岩石。岩石不仅是地球物质的重要组成部分，也是类地行星的组成部分。岩石蕴藏着丰富的矿产资源，如铜、铁、锡等，有的岩石本身就是矿产资源。

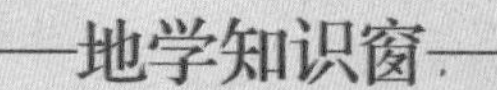

同位素

同位素是同一元素的不同原子，其原子具有相同数目的质子，中子数目却不同。同位素具有相同原子序数，在元素周期表上占有同一位置，化学性质几乎相同，原子质量或质量数不同，从而其质谱性质、放射性转变和物理性质有所差异。

石英

黄铁矿

图1-2　石英和黄铁矿

图1-3 主要造岩矿物

岩石的分类

岩石就其成因而言，可分为岩浆岩（火成岩）、沉积岩和变质岩三大类。

岩浆岩是由地幔或地壳的岩石经熔融或部分熔融的物质，也就是岩浆冷却固结形成的。沉积岩形成于地表，由化学、生物化学溶液及胶体的沉淀，或岩石碎屑、矿物碎屑、生物碎屑经水、风、冰川的搬运，最后发生沉积作用形成，常常呈层状。变质岩是由岩浆岩及沉积岩经过变质作用形成的（图1-4）。它们的矿物成分及结构构造都因为温度和压力的改变以及应力的作用而发生变化，但并未经过熔融的过程，主要是在固体状态下发生的。三大类岩石的野外特征对比见表1-1。

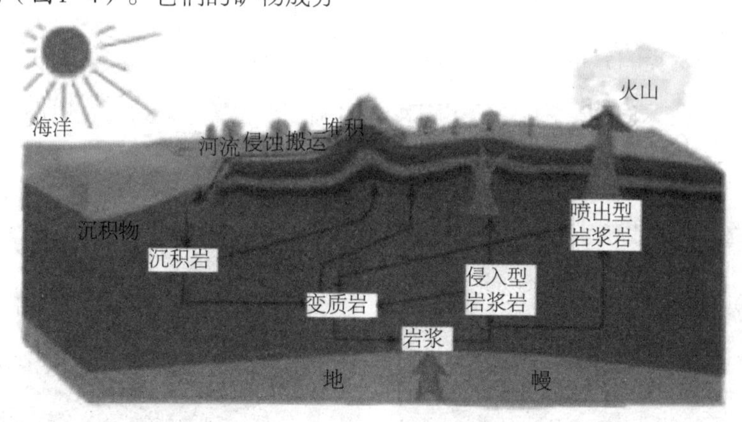

图1-4 岩浆岩、沉积岩、变质岩形成关系示意图

表1-1 三大类岩石野外特征对比

岩浆岩	沉积岩	变质岩
（1）形成火山及各类熔岩流 （2）形成岩脉、岩墙、岩株及岩基等形态并切割围岩 （3）对围岩有热的影响，致使其重结晶、发生相互反应及颜色改变 （4）在与围岩接触处，岩浆岩体边部有细粒的淬火边 （5）除火山碎屑岩外，岩体中无化石出现 （6）多数岩浆岩无定向构造，矿物颗粒相互交织排列	（1）在野外呈层状产生，并经历分选作用 （2）岩层表面可以出现波痕、交错层、泥裂等构造 （3）岩层在横向上延续范围很大 （4）沉积岩地质体的形态可能与河流、三角洲、沙洲、沙坝的范围相近 （5）沉积岩的固结程度有差别，有些甚至是未固结的沉积物	（1）岩石中的砾石、化石或晶体受到了破坏 （2）碎屑或晶体颗粒拉长，岩石具定向构造，但也有少数无定向构造的变质岩 （3）多数分布于造山带、前寒武纪地盾中 （4）可以分布于岩浆岩体与围岩的接触带 （5）岩石的面理方向与区域构造线方向一致 （6）大范围的变质岩分布区矿物的变质程度有逐渐改变的现象

在三大类岩石中，按占地壳重量百分比计算，以岩浆岩最多（占64.7%），变质岩次之（占27.4%），沉积岩最少（占7.9%）。若按在地表的分布情况看，则以沉积岩分布最广，占所有岩石分布面积的75%，而其他两类的分布较少。

还有一种天外来客——陨石，是地球以外未燃尽的宇宙流星脱离原有运行轨道呈碎块飞快散落到地球表面的石质、铁质或石铁混合物质（图1-5）。大多数陨石来自于火星和木星间的小行星带，小部分来自月球和火星。陨石大体可分为石质陨石、铁质陨石、石铁混合陨石。

石质陨石

铁质陨石

图1-5 陨石

——地学知识窗——

陨石

陨星穿过大气层尚未完全烧尽、降落到地面的残余体叫陨石。古代中国、希腊、罗马的文献里对陨石都有记载。据估计，每年到达地球附近、质量大于100 kg的陨星体有1500 颗，但到达地面上时质量残留也就10 kg左右，因而发现率不过4～5 块/年。陨石的分类在习惯上主要按成分和结构分类，按成分分为铁陨石（几乎全由铁镍合金组成）、石陨石（主要由铁镁硅酸盐，尤其是橄榄石和辉石组成）和石铁陨石（含几乎等量的铁镍合金和硅酸盐矿物）。

岩石的循环

三大类岩石具有不同的形成环境和形成条件，而环境和条件又随地质作用的发生而变化。因此，在地质历史中，总是某些岩石在形成，而另一些岩石在消亡。如岩浆岩（变质岩、沉积岩的情况相同）通过风化、剥蚀而破坏，破坏产物经过搬运在低洼地区堆积下来，经过压实、胶结等固结成岩作用形成沉积岩（图1-6），沉积岩受到高温作用又可以熔融转变为岩浆岩。岩浆岩和沉积岩等岩石由于温度和压力等变化，均能变成变质岩；变质岩可再转变成沉积岩，也可于地壳深处在高温条件下发生重熔再生作用，成为新的岩浆。

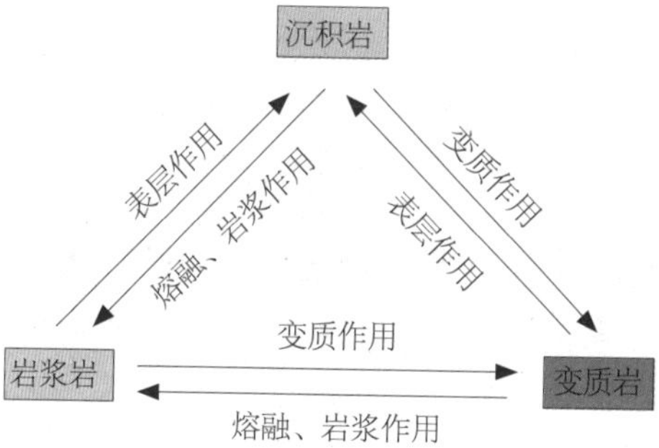

沉积岩
表层作用
熔融、岩浆作用
变质作用
表层作用
岩浆岩
变质作用
变质岩
熔融、岩浆作用

图1-6　三大岩类转换关系

图1-7进一步表示了岩石的转变与环境、条件、能量和地质作用的性质、方式的关系。图中的地表环境指沉积岩形成的环境，属于常温、常压；深部环境指地壳下层，这里具有较高的温度与压力。图中表示出各种能量来源：一种是太阳能，它主要影响地表，控制了外力作用的进行；另一种是放射性热能，它包含在岩石中，控制了内力作用的进行。此外，以地球重力能和地球旋转能为代表的地球因素，在引起各种地质作用中也是不可忽视的作用。图中还表示了各种地质作用的内容和作用进行的方向。其中极其突出的是构造运动，它本身属于内力地质作用，但是它对其他内力作用及外力作用都有重要影响。如果没有构造运动，在地下形成的侵入岩与变质岩就不能上升和遭受破坏并转变成沉积岩；如果没有构造运动，地表就

难以强烈坳陷并堆积大量沉积物；如果没有构造运动，沉积岩与岩浆岩也不能沉入地下遭受变质。构造运动对岩浆的形成和上升也有重要影响。

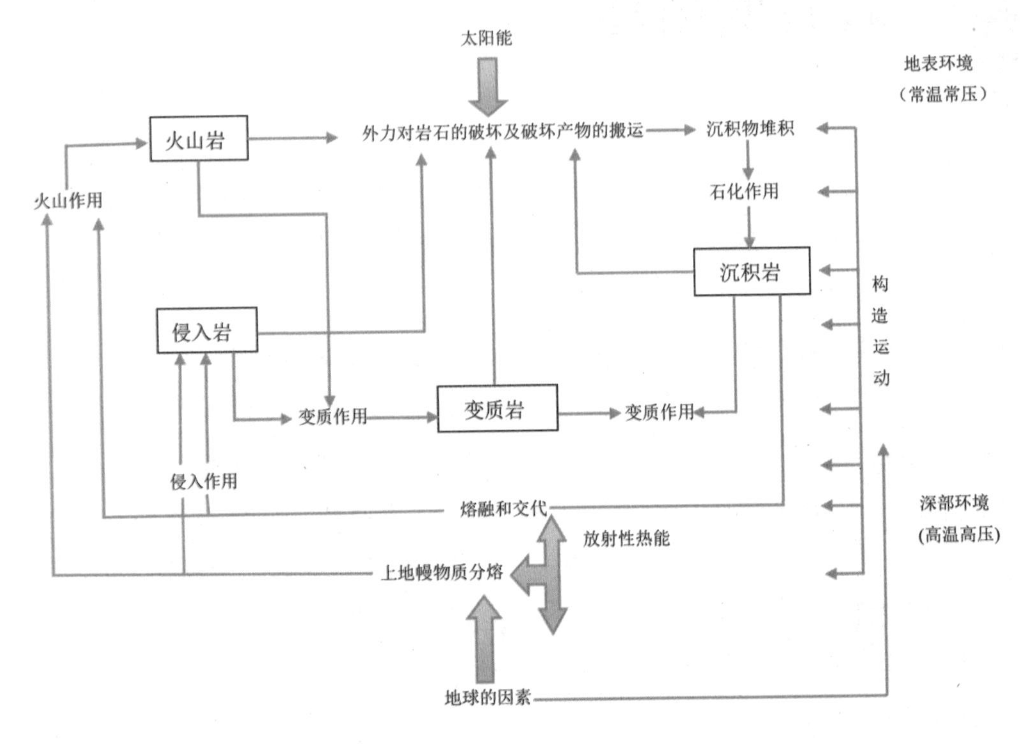

图1–7　各种地质作用的关系及三大类岩石演化

——地学知识窗——

构造运动

该运动是指由地球内动力引起岩石圈地质体变形、变位的机械运动。构造运动是由地球内力引起地壳乃至岩石圈的变位、变形，以及洋底的增生、消亡的机械作用和相伴随的地震活动、岩浆活动和变质作用。构造运动产生褶皱、断裂等各种地质构造，引起海、陆轮廓的变化，地壳的隆起和坳陷，以及山脉、海沟的形成等。

Part 2

岩浆岩探秘

岩浆形成后，沿着构造软弱带上升到地壳上部或喷溢出地表，在上升、运移过程中，由于物理、化学条件的改变，岩浆的成分不断发生变化，最后冷凝成为岩石。这一复杂过程称为岩浆作用，所形成的岩石称为岩浆岩。岩浆侵入地壳但未喷出地表称为侵入作用，其所形成的岩石称为侵入岩。岩浆沿构造裂隙上升，由火山通道喷出地表，称为火山作用，其所形成的岩石称为火山岩。

岩浆作用

岩浆这个词最早来源于希腊，原意是指一种似粥状物。一般理解岩浆的概念是：岩浆是上地幔或地壳部分熔融的产物，成分以硅酸盐为主，含有挥发分，也可以含有少量固体物质，是高温黏稠的熔融体（图2-1）。大量的资料已经证实，在地球内部，当物理和化学条件具备时，地幔及地壳的某些部位可以发生熔融，起始熔融时液相熔体仅在固相颗粒的隙间产生，比例也很小，随着熔融作用的继续，熔体的比例增加并逐渐集中形成岩浆。

根据对火山的观察、实验研究和地质资料的综合，岩浆的基本特征如下：

一、岩浆的成分

岩浆主要由氧、硅、铝、铁、镁、钙、钾、钠、锰、钛、磷等造岩元素组

图2-1 岩浆

成，还有H_2O、CO_2、SO_2等挥发性物质及少量的金属硫化物和氧化物。岩浆的化学成分若以氧化物表示，其主要成分是SiO_2、Al_2O_3、MgO、FeO、Fe_2O_3、CaO、NaO、K_2O、H_2O等，其中以SiO_2的含量最大。岩浆含有SiO_2的多少，不仅影响岩浆的性质，也影响有关岩浆岩的成分。根据岩浆中SiO_2的相对含量，可以把岩浆分为酸性岩浆（SiO_2相对含量>65%）、中性岩浆（52%~65%）、基性岩浆（45%~52%）和超基性岩浆（<45%）。越是酸性的岩浆，黏度越大，温度低，越不易流动；越是基性的岩浆，则黏度越小，温度高，越容易流动。当然，温度、压力和挥发组分对岩浆黏度也有影响。如温度越高，挥发成分越多，压力越小，则黏度越小；反之，则黏度越大。这些不同成分的岩浆冷凝后可分别形成酸性岩、中性岩、基性岩和超基性岩。

二、岩浆的温度

岩浆的温度可以直接从现代火山熔岩流中测出，也可间接通过多种岩浆岩或矿物的熔融实验和热力学计算等方法求出。

岩浆的温度很高，这一点从现代火山喷发的景象及其对周围环境的危害就可以了解。1980年美国圣海伦斯火山喷发，炽热的火山灰喷发物覆盖了周围的山区，密布的原始森林全部燃烧成木炭，居民的汽车被熔化。如果是熔岩流，危害会更加严重。直接测定的现代火山岩浆的温度见表2-1。可以看出，基性玄武岩岩浆温度最高，其次为安山质岩浆，流纹质岩浆温度最低。地下深处的岩浆及地质历史时期岩浆在喷出或侵位以后开始降温固结，以玄武质熔岩为例，1 m厚的玄武岩全部结晶约需12天，10 m厚的约需3年，700 m厚的约需9 000年。地下深处的岩浆侵位后冷却速度缓慢，固结的时间比熔岩长，据估计，2 000 m厚的花岗岩岩席完全结晶约需64 000年，8 km厚的花岗岩基约需1 000万年（10 Ma）才能固结。

三、岩浆中的挥发分

现代火山喷发时有大量气体逸出，已固结的火山岩标本有些含相当数量的气孔就充分说明了岩浆含有挥发分（图2-2）。了解它们的类型及含量可以通过两种途径：一是直接从现代火山喷发的气体中取得，另一种是通过岩石中的流体包裹体获得。从日本有珠火山昭和新山喷气孔上收集的气体分析结果表明，水是最丰富的组分，在活动气体中CO_2占优势，CH_4非常少；在高温条件下SO_2占优势，

表 2-1　　各类熔岩喷出温度的估算值（引自Carmichael，1974）

夏威夷 基拉韦厄	拉斑玄武岩	1 150℃~1 225℃	T.L.Wright 等 （1968）
墨西哥帕里库廷	玄武安山岩	1 020℃~1 110℃	Zics （1946）
刚果尼腊贡戈	霞石岩	980℃	Sahama 和Mever （1958）
刚果尼亚木拉基拉	白榴玄武岩	1 095℃	Verhoogen （1948）
新西兰陶波	辉石流纹岩	860℃~890℃	Ewart 等 （1971）
	浮岩流		
	角闪流纹岩		
	熔岩，熔结凝灰岩		
	浮岩流	735℃~890℃	
加利福尼亚 蒙诺火山口	流纹质熔岩	780℃~790℃	Carmichel （1967）
冰岛	流纹英安质黑翟岩	900℃~925℃	
新不列颠（南西太平洋）	安山质浮岩	940℃~990℃	Heming和Carmichacl Lowder （1973），（1970）
	英安质熔岩、浮岩	925℃	
	流纹英安质浮岩	880℃	

图2-2　火山岩浆中的挥发分

在较低温时H_2S显著增多，HF与HCl的比值随温度而下降。我国台湾省台北市以北的大屯火山群发育有丰富的喷气孔，自然硫堆积在喷气孔附近，不仅景象壮观，而且整个山谷充满了浓烈的硫黄气味。

岩浆中的挥发分不仅影响结晶温度，而且影响岩浆的喷出方式，在挥发分聚集时在近地表处的强烈膨胀会引起岩浆爆裂成火山灰，火山爆发也随之强烈。但是这种爆发性质在黏度不同的岩浆中作用强弱有别，低黏度的玄武质岩浆中膨胀气体的释放是平静、缓慢的，高黏度的安山岩和流纹岩浆则会因气体的释放将岩浆崩碎成岩浆团、火山弹及火山灰，并破坏火山锥体的边坡。

——地学知识窗——

火山灰

火山灰是细微的火山碎屑物，颗粒的直径小于2 mm。还有人将其中极细微的火山灰分出来称为火山尘。在火山的固态及液态喷出物中，火山灰数量最多、分布最广，常呈深灰、黄、白等色，堆积压紧后成为凝灰岩。火山灰在火山爆发时，可以被送到几千米或几十千米高的大气层中，细微的火山灰还能在平流层中悬浮几个月至几年之久，它们阻挡阳光，有使地球上气温降低的作用。火山灰多为酸性熔岩炸碎而成，有的有腐蚀性，大量急速降落会给人类的生产和生活带来不利影响，但有使土地变肥沃的作用。火山灰还是配制水泥的原料。

四、岩浆的黏度

岩浆的黏度与岩浆成分（主要是SiO_2）、挥发分含量、温度和压力的大小等因素有关。岩浆中SiO_2含量越高黏度越大，挥发分含量越高黏度越小。岩浆的温度越高黏度越小，温度迅速下降会使黏度急剧增大。通常压力增大黏度也随之增大，但对于不同成分的岩浆其黏度的增大幅度是不同的。

五、岩浆作用

岩浆形成后，沿着构造软弱带上升到地壳上部或喷溢出地表，在上升、运移过程中，由于物理、化学条件的改变，岩浆的成分不断发生变化，最后冷凝成为岩石，这一复杂过程称为岩浆作用，所形成的岩石称为岩浆岩。根据岩浆是侵入地壳或喷出地表，岩浆作用可分为侵入作用和喷出作用。

岩浆侵入地壳但未喷出地表称为侵入作用（图2-3），侵入的岩浆冷凝后形成的各种各样的岩浆岩体称为侵入体，侵入体周围的岩石叫围岩。由于承受上覆岩石的压力，岩浆具有向压力较低的构造软弱带侵入的趋势。岩浆在向上运动时，以巨大的机械压力沿着围岩的软弱部位挤入，同时以高温熔化围岩，从而占据一定的空间。根据岩浆侵入深度的不同，可分为深成侵入作用（深度＞3 km）和浅成侵入作用（深度＜3 km），相应地，侵入体也分为深成侵入体和浅成侵入体。

如果岩浆沿构造裂隙上升，由火山通道喷出地表，称为喷出作用，又称为火山作用（图2-4）。火山喷发过程极为复杂，在不同地区及不同的岩浆作用阶段，所喷出的物质和喷发类型各不相同。有的喷发很平静，岩浆沿裂隙通道上升，缓慢地流出地表，边流动边冷凝；有的非常强烈，岩浆喷出时具有猛烈的爆炸现象，可将大量的气体、岩浆团块和固体碎屑喷射到火山口以外，在火山口上空形成巨大烟柱。火山作用形成的岩石称为火山岩，火山岩又可分为两种，一种是从火山喷发溢流出的熔浆冷凝而成的岩石，叫熔岩；另一种是由火山爆发喷出来的各种碎屑物质从大气中降落下来而成的岩石，叫火山碎屑岩。熔浆在地表条件下冷却较快，所以火山岩结晶都比较细，甚至完全是玻璃质的。

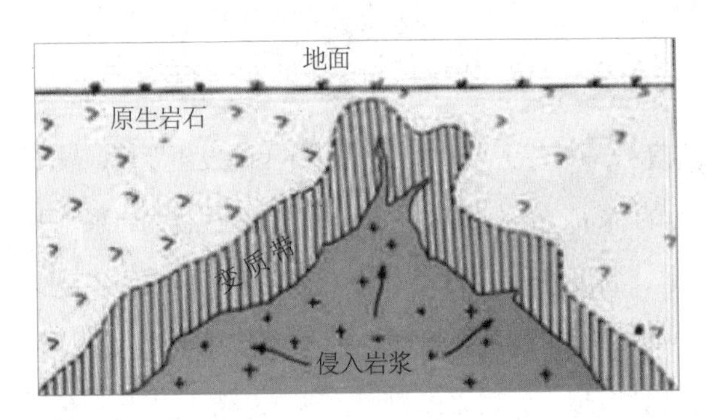

图2-3 侵入作用示意图

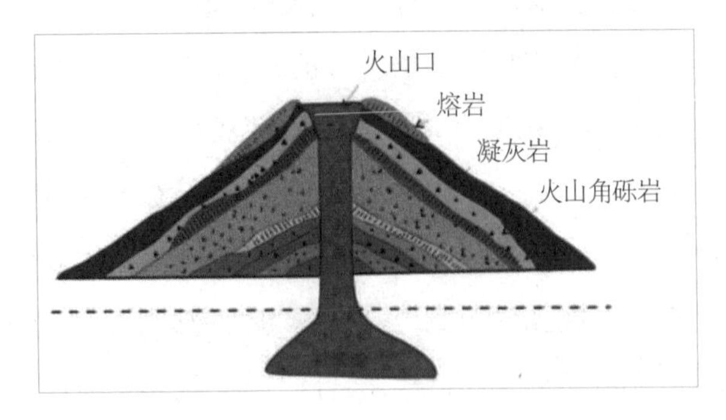

图2-4 火山作用及火山岩分布示意图

岩浆岩特征

岩浆岩由岩浆冷凝固结而成，在岩浆冷凝和结晶过程中失去了大量的挥发分，所以岩浆岩的成分与岩浆的成分是不完全相同的。

一、岩浆岩的物质成分

岩浆岩的物质成分是指其化学成分和矿物成分而言，研究物质成分不仅有助于了解各类岩浆岩的内在联系、成因及次生变化，还可以作为岩浆岩分类的主要依据。

1. 岩浆岩的化学成分

据现有的地球化学研究资料，地壳中的所有元素在岩浆岩中均有发现，其含量及在岩浆作用过程中的行为不同。组成岩浆岩的元素分为主要元素、微量元素和同位素三类，在岩浆岩的成因研究中均具有重要意义，其中直接用于岩浆岩分类的是主要元素。

主要元素的分析结果一般以其氧化物质量百分数的形式给出（表2-2），分别是SiO_2、TiO_2、Al_2O_3、Fe_2O_3、FeO、MnO、MgO、CaO、Na_2O、K_2O、P_2O_5和H_2O。据岩类的不同和研究需要，还可加测Cr_2O_3、ZrO_2、CO_2等，这些氧化物的含量一般大于0.1%。这些氧化物占岩浆岩平均化学成分的98%，也是地幔及地壳的主要组成部分。

2. 岩浆岩的矿物成分

岩浆岩中的矿物成分与岩浆的化学成分及结晶条件密切相关，对于了解岩石的化学成分和岩石的成因都有重大的意义，它也是岩浆岩分类和定名的依据。岩浆岩中已发现的矿物种类繁多，但常见矿物不过20多种，其中构成岩石主体、在岩浆岩分类命名中起作用的仅十来种，这些矿物称为主要造岩矿物，它们是石英、钾长石、斜长石、似长石（白榴石、霞石）、橄榄石、辉石、角闪石、黑云母、白云母等。这些矿物根据化学成分可分为两类：

（1）硅铝矿物：矿物中SiO_2与Al_2O_3的含量较高，不含FeO和MgO，包括石英

表2-2 地幔、地壳及岩浆岩的平均化学成分表

氧化物	地幔[1]	大洋壳[2]	大陆壳[3]	岩浆岩平均[4]
SiO_2	45.2	49.4	60.3	59.12
TiO_2	0.71	1.4	1.0	1.05
Al_2O_3	3.54	15.4	15.6	15.34
FeO	8.45	10.1	7.2	6.54
MnO	0.14	0.3	0.1	0.12
MgO	37.48	7.6	3.9	3.49
CaO	3.08	12.5	5.8	5.08
Na_2O	0.57	2.6	3.2	3.84
K_2O	0.13	0.3	2.5	3.13
P_2O_5	–	0.2	0.2	0.3

注：1. Ringwood（1975）, 2. Ronov（1976）, 3. Taylor（1964）, 4. Clark。

——地学知识窗——

主要矿物

主要矿物是岩浆岩中含量高，并在确定岩石大类名称上起主要作用，可作为区分岩类依据的矿物。如花岗岩中主要矿物是长石和石英，没有长石则为石英岩或脉石英，没有石英或含量较少则岩石为正长岩类。主要矿物和次要矿物因岩石种类而异，如石英在花岗岩中是主要矿物，而在闪长岩中则为次要矿物。

类、长石类及似长石类。这些矿物因基本不含色素原子，颜色较浅，所以又称为浅色矿物。

（2）镁铁矿物：矿物中FeO、MgO的含量较高，包括橄榄石类、辉石类、角闪石类及黑云母类。这些矿物的颜色一般较深，又称为暗色矿物。暗色矿物在岩浆岩中的含量（体积百分数）通常称为色率，是岩浆岩鉴定和分类的重要标志之一。如色率随岩石酸度的变化情况大致为：超基性岩色率>90，基性岩色率=40~90，中性岩色率=15~40，酸性岩色率<15。

二、岩浆岩的结构

岩浆岩的结构是指组成岩石的矿物的结晶程度、颗粒大小、晶体形态、自形程度和矿物之间的相互关系。

1. 结晶程度

结晶程度是指岩石中结晶物质和非结晶玻璃质的含量比例。按结晶程度可将岩浆岩分为三类（图2-5）：

（1）全晶质结构：岩石全部由已结晶的矿物组成。这是岩浆在温度下降缓慢的条件下从容结晶而形成的，多见于深成侵入岩中。

（2）半晶质结构：岩石由结晶物质和玻璃质两部分组成。多见于喷出岩及部分浅成岩的边部。

（3）玻璃质结构：岩石全部由玻璃质组成。岩浆迅速上升到地表或近地表时，温度骤然下降到岩浆的平衡结晶温度以下，来不及结晶所形成。

1. 全晶质结构　2. 半晶质结构　3. 玻璃质结构

图2-5　岩浆岩的结构（按结晶程度分）

玻璃质在岩石中常呈现不同的颜色，如黑色、砖红色、褐色、灰绿色等，一般呈玻璃光泽，具贝壳状断口，性脆。玻璃质是一种不稳定的固态物质，随着时间的推移会逐渐转变为稳定态的结晶质，这一过程称为脱玻化作用。

2. 岩石中矿物颗粒的大小

这需从两个方面考虑，一是矿物颗粒的绝对大小，二是矿物颗粒的相对大小。

（1）根据主要矿物的绝对大小，可把岩浆岩的结构分为显晶质结构和隐晶质结构。

① 显晶质结构：肉眼观察时，基本上能分辨出矿物颗粒者。显晶质结构根据矿物颗粒的粒径（d）大小分为以下粒级：粗粒结构，d>5 mm；中粒结构，d=2~5 mm；细粒结构，d=0.2~ 2 mm；微粒结构，晶粒粒径<0.2 mm；颗粒很大，粒径大于1 cm的矿物，可称为巨晶、伟晶。实际上，岩石中不同矿物颗粒都一样大小是比较少见的，一般指的是岩石中最主要矿物的一般大小。对标本及薄片进行粒度测量时，要选择同一种主要矿

物来测量，一般多以长石为标准。

② 隐晶质结构：岩石中的矿物颗粒很细，不能用肉眼或者放大镜看出者。具隐晶质结构的岩石外貌呈致密状，肉眼观察有时不易与玻璃质结构相区别。具隐晶质结构的岩石没有玻璃光泽及贝壳状断口，脆性程度低，有韧性，常具瓷状断口。

（2）根据矿物颗粒的相对大小，还可分为等粒、不等粒、斑状和似斑状4种结构类型（图2-6）。

① 等粒结构：岩石中同种主要矿物颗粒大小大致相等。

② 不等粒结构：岩石中同种主要矿物颗粒大小不等。如其粒度依次降低，可称连续不等粒结构。

③ 斑状结构：岩石中矿物颗粒分为大小截然不同的两群，大的称为斑晶，小的及不结晶的玻璃质称为基质。其间没有中等大小的颗粒，可与不等粒结构相区别。

④ 似斑状结构：岩石也是由两群大小不同的矿物颗粒组成，但基质结晶程度较好，为显晶质。

3. 岩石中矿物的自形程度

自形程度是指组成岩石的矿物的形态特点。它主要取决于矿物的结晶习性、岩浆结晶的物理化学条件、结晶的时间及空间状态等。据岩石中矿物的自形程度可以分为三种不同的结构（图2-7）：

（1）自形粒状结构：组成岩石的矿物颗粒，基本上能按自己的结晶习性发育成被规则的晶面所包围的晶体——自形

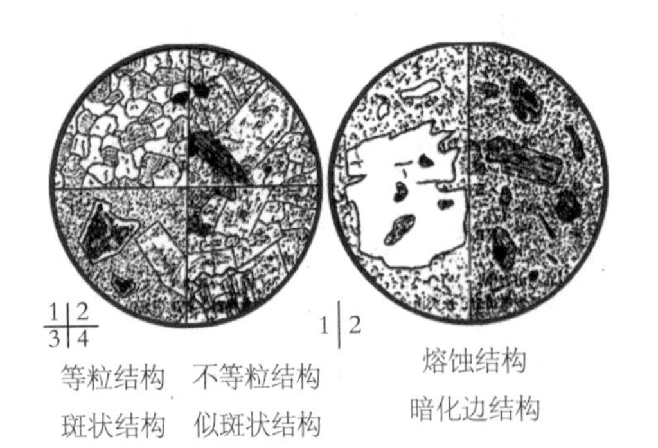

图2-6　岩浆岩的结构（按矿物颗粒相对大小分）

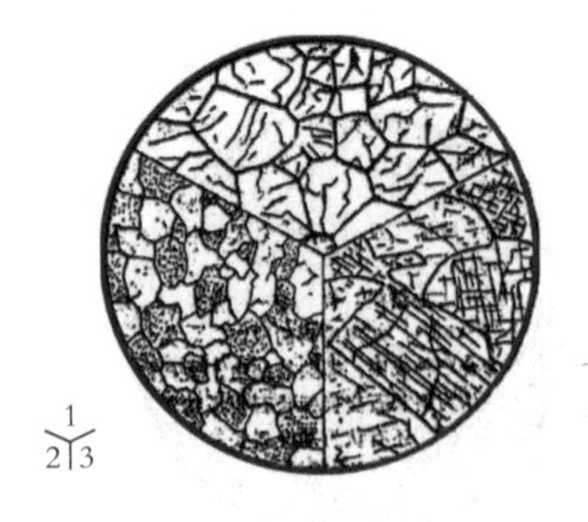

图2-7　岩浆岩的结构（按矿物自形程度分）

晶。这种结构说明岩浆中矿物结晶中心少，结晶时间长，有足够的空间，或者矿物结晶能力强。

（2）他形粒状结构：组成岩石的矿物颗粒多呈不规则的形态——他形晶，找不到完整规则的晶面。这种结构是结晶中心较多，没有足够的结晶时间和空间的条件下形成的。它是各种矿物颗粒几乎同时结晶。

（3）半自形粒状结构：组成岩石的矿物颗粒，按结晶习性发育一部分规则的晶面，其他晶面发育不好，而呈不规则的形态，称为半自形晶。这种结构的形成条件介于自形和他形之间，也是深成岩中最多见的一种结构。

4. 岩石中矿物颗粒间的相互关系

根据组成岩石颗粒的相互关系，划分的结构类型很多，但肉眼能经常看到的有以下两种：

（1）文象结构：岩石中钾长石和石英呈有规则的交生，石英具有独特的棱角形或楔形，有规律地镶嵌在钾长石中（图2–8）。它一般是在石英和长石完全同时结晶的情况下形成的，常见于伟晶岩的边缘带及部分花岗岩中。

（2）条纹结构：钾长石和斜长石（图2–9）有规律地交生称为条纹结构，具条纹结构的长石叫条纹长石。条纹的大小可大到肉眼也能见到，小至则需借助X射线或电镜才能分辨。

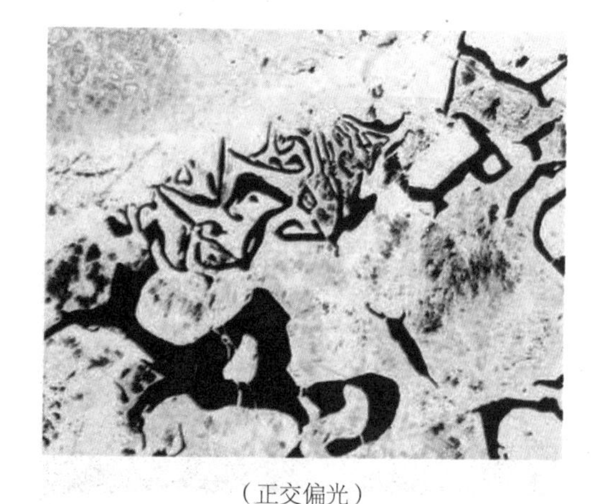

（正交偏光）

图2–8 文象结构

图2–9 微斜长石的格子状双晶

三、岩浆岩的构造

岩浆岩的构造是指岩石中不同矿物集合体之间或矿物集合与其他组成部分之间的排列、充填方式等。岩浆岩构造受多方面因素的影响，不仅与岩浆结晶时的物化环境有关，还与岩浆的侵位机制、侵位时的构造应力状态及岩浆冷凝时是否仍在流动等因素有关。岩浆岩常见的构造有以下几种：

1. 块状构造

组成岩石的矿物在整个岩石中是均匀分布的，其排列无一定次序、无一定方向。它是岩浆岩中最常见的一种构造（图2-10）。

2. 斑杂构造

岩石的不同部位在结构或矿物成分上有较大差异，如一些地方暗色矿物较多，一些地方又很少，结果使岩石呈现出斑斑驳驳的外貌。

3. 条带状构造

岩石中具有不同结构或不同成分的条带相互交替、彼此平行排列的一种构造（图2-11）。

4. 气孔和杏仁构造

这是火山岩中常见的构造。当岩浆喷溢到地面时，围压降低，其中所含挥发分达到饱和，从岩浆中分离出来时形成大量气泡，这些气泡一部分逸散到大气中，一部分则由于岩浆迅速冷却凝固而保留在岩石中形成空洞，这就是气孔构造（图2-12）。当气孔被岩浆期后矿物所充填时，其充填物宛如杏仁，称为杏仁构造（图2-13）。杏仁构造在玄武岩中最常见。

图2-10　块状构造

图2-11　条带状构造

图2-12　火山岩中气孔构造

图2-13　安山质玄武岩中杏仁构造

5. 流纹构造

这是酸性岩中常见的构造。它是由不同颜色的条纹和拉长的气孔等表现出来的一种流动构造，是在熔浆流动过程中形成的（图2-14）。

6. 枕状构造

这是海底溢出的基性熔岩流中常见的构造。其状似枕头，大小不等，互相堆积，每个枕体一般顶面上凸、底面较平，外部为玻璃质，向内逐渐为显晶质（图2-15）。

四、岩浆岩的产状

岩浆岩的产状主要指岩体的形态、大小、与围岩的关系，以及岩浆岩形成时所处的深度和构造环境等。查明岩浆岩的产状可以帮助了解岩浆岩的形成条件，对

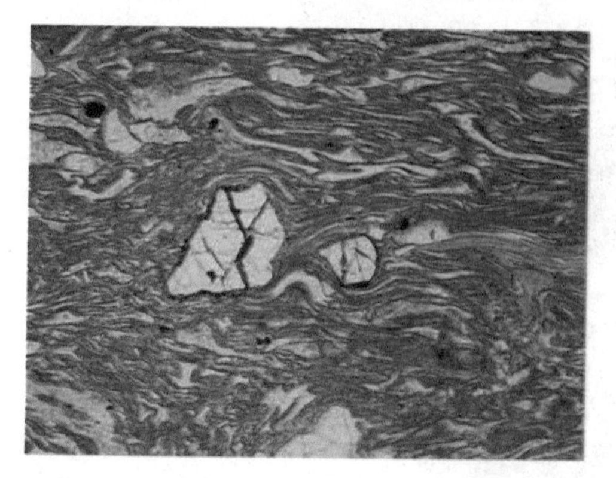

图2-14　显微镜下的流纹构造

图2-15　枕状熔岩枕状构造

找矿和勘探也有一定意义。根据岩浆活动的方式不同，可将岩浆岩的产状分为两大类，即侵入岩的产状和火山岩的产状。这两者之间，有时是相连的，并没有截然的界线。

1. 侵入岩的产状

根据侵入体的形态、大小，常见的侵入岩产状可以分为以下几类（图2–16）：

（1）岩基：是最大的巨型侵入体，面积大于100 km²，可达数万平方千米。如我国海南岛的琼中岩基，面积达5 000 km²。

（2）岩株：面积小于100 km²的侵入体，岩株边缘常有一些不规则的树枝状岩体冲入围岩中，称为岩枝。岩株顶部的瘤状突起则称为岩瘤。

（3）岩盖：为一种蘑菇状的整合侵入体。中部向上突起，底部平坦，由岩基中部到边部厚度迅速减小而渐灭。岩盖规模不大，直径3~6 km，厚度一般不超过1 km，常见为一酸性侵入体。

（4）岩墙：指近于直立，厚度一般在几十厘米到几十米甚至几千米，长数千米甚至几百千米的板状侵入体。闻名世界的津巴布韦大岩墙，厚3 ~ 12 km，长超过500 km，呈南北延伸。岩墙往往成群出现，称为岩墙群。岩墙有呈环状分布的、呈放射状分布的等等。就成因来说，岩墙是岩浆沿着围岩的断裂贯入而成的。

（5）岩脉：指规模比较小，厚度小而变化大，形状不规则，有分叉复合现象的

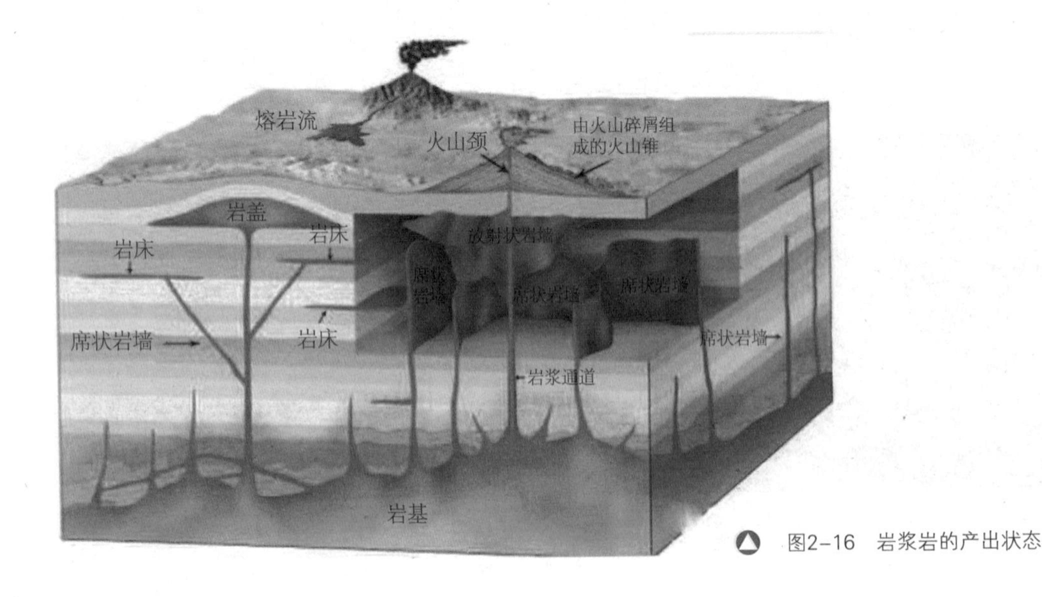

图2–16　岩浆岩的产出状态

脉络状岩体。岩脉的分布主要受岩石裂隙的控制。

（6）岩床：是岩浆沿层面贯入，形成与地层整合的板状侵入体。以厚度稳定为特征，常见于基性岩中。

2. 火山岩的产状

火山岩常见的产状有：

（1）熔岩：指以喷溢方式形成的火山岩。以熔岩为主，呈层状，分布广。

（2）火山锥：由熔岩和火山碎屑岩组成，中心为火山口或破火山口。

（3）岩穹：指以侵出方式形成的穹状火山岩。

（4）火山颈：是火山锥被剥蚀后出露的火山管道中的充填物。火山颈在浅部一般直径较大，向深处缩小，上部呈喇叭状，中部呈筒状，下部呈墙状。充填物多为火山碎屑岩、熔岩、碎屑熔岩、熔结火山碎屑岩等。碎屑有同源、异源的，也有的为深源产物。

（5）次（潜）火山岩：是与火山岩同源且为侵入产状的岩体。它与喷出岩同时间但一般较晚，同空间但分布范围较大，同外貌但结晶程度较好，同成分但变化范围及碱度较大。

五、岩浆岩的分类

1. 岩浆岩的分类方案

自然界中岩浆岩的种类繁多，据统计，目前已确定名称的就有1 100多种，它们之间存在着物质成分、结构、构造、产状等方面的差异，各类岩浆岩之间又存在着一些过渡类型，这说明各类岩浆岩在成因或生成环境等方面有着密切的联系。

——地学知识窗——

潜火山岩

潜火山岩是一种与火山作用有关、与火山岩系同源的浅成和超浅成侵入岩。一般认为潜火山岩具有下列特点：在时间上，与火山活动同期或稍晚；在空间上，主要分布于火山岩地区；在成分上，与火山岩相似；在岩石特征上，与火山岩相似。与潜火山岩有关的矿产种类很多，如铜、钼、铁、金、银、锡、铅、锌等。

岩浆岩的分类依据主要是化学成分、矿物成分、产状和结构、构造等。首先根据SiO_2的含量和碱饱和程度分为五大类，即超基性岩类、基性岩类、中性岩类、酸性岩类、碱性岩类（包括偏碱性岩类和过碱性岩类），然后根据矿物成分、结构、构造和产状进一步细分。

（1）岩浆岩的化学成分是岩浆岩分类的重要依据之一，一般以SiO_2和碱质的含量来考虑。根据SiO_2的含量可分为四大类：超基性岩类、基性岩类、中性岩类和酸性岩类。每一类根据碱度（即K_2O+Na_2O的含量）进一步分为两大系列，即钙碱性系列和碱性系列。碱性系列的岩石习惯上也称为碱性岩类。

以岩浆岩的化学成分为依据进行分类，对于隐晶质或玻璃质的岩石比较准确，但由于作一个岩石化学全分析成本高，所需的时间较长，一般不宜大量进行。

（2）岩浆岩的矿物成分及含量是分类命名的基础。矿物成分主要考虑石英含量、暗色矿物种类及含量、长石的种类及含量（即钾长石或斜长石），以及似长石的有无及含量。超基性岩类以不含石英、基本上不含长石和富含大量暗色矿物为特征，而酸性岩类则以富含石英和贫暗色矿物为特征，基性岩及中性岩类以其所含长石类型及暗色矿物种类加以区别。钙碱性系列的岩石以不含似长石为特征，斜长石成分较同类的碱性系列岩石富含CaO；碱性系列岩石的暗色矿物均为碱性暗色矿物，如碱性角闪石、碱性辉石等。

（3）岩浆岩的产状，是决定岩浆岩结构特征的重要因素。如果岩石的化学成分、矿物成分相同，但其产状不同，则岩石的结构也不同，所以产状、结构也是重要的分类依据。在以成分为分类依据的基础上，再按产状、结构构造的不同把各大类岩石进一步划分为深成岩、浅成岩和火山岩。

2.本书采用的分类方案

本书采用的分类方案见表2-3。

表 2–3　　岩浆岩分类表

SiO$_2$（%）			＜45	45~52	52~65		65~75			52~65		
岩类			超基性岩类	基性岩类	中性岩类		中酸性岩类	钙碱性系	碱性系	钙碱性系	碱性系	碱性岩类
								酸性岩类		中性过渡性岩类		
			橄榄岩–苦橄岩类	辉长岩–玄武岩类	闪长岩–安山岩类	石英闪长岩–英安岩类	花岗闪长岩–流纹英安岩	花岗岩–流纹岩类		正长岩–粗面岩类		霞石正长岩–响岩类
侵入岩	深成岩	全晶质等粒，半自形粒状或似斑状结构	橄榄岩、辉石岩、角闪岩	辉长岩、苏长石、斜长石	闪长岩	石英闪长岩	花岗闪长岩	花岗岩	碱性花岗岩	正长岩、二长岩	碱性正长岩	霞石正长岩、霓石正长岩
侵入岩	浅成岩	全晶质粗粒等粒结构，斑状结构	苦橄岩、金伯利岩	辉绿岩	闪长玢岩	石英闪长玢岩	花岗闪长斑岩	花岗斑岩		正长斑岩		霞石正长斑岩
	次火山岩	斑状或隐晶质细粒结构										
火山岩		无斑隐晶质或斑状半晶质玻璃质结构	苦橄岩	玄武岩、细碧岩	安山岩	英安岩	流纹英安岩	流纹岩	碱性流纹岩、石英角斑岩	粗面岩、粗安岩	碱性粗面岩、角斑岩	响岩、白榴石响岩
石英（Q）和似长石（F）（%）			Q=0 F=0	Q=0至微 F=0	Q=5~12 F=0		Q=20~60 F=0			Q=0~20 F=0~20		Q=0 F=10~60
斜长石（P）和碱性长石（A）（%）			P=0~10 A=0	P=40~90 A=0~10	P=30~70 A=0~10		P=30~70　A=0~30			P=0~35 A=0~35		P=0 A=50
铁镁矿物种属及其含量（%）			橄榄石、辉石、角闪石为主，其含量>90	以辉石为主,可有橄榄石、角闪石、黑云母等，其含量<90	以角闪石为主，辉石、黑云母次之，其含量一般为15~40		以黑云母为主，角闪石次之，其含量<15		以碱性角闪石、辉石为主，其含量<50	以角闪石为主，黑云母、辉石次之，其含量<50	以碱性角闪石、辉石为主，富铁、云母次之，其含量<50	以碱性铁镁矿物为主，其含量<50

注：表中没有列入碳酸岩、玻璃质岩和脉岩（据徐永柏《岩石学》，1985年）。

岩浆岩主要类型

一、超基性岩类（橄榄岩-苦橄岩类）

1. 一般特征

超基性岩从化学成分上看，SiO_2含量<45%，为硅酸不饱和岩石；K_2O和Na_2O的含量极少，一般均不到1%；CaO和Al_2O_3含量也很少；富含FeO、MgO，故在矿物成分上，铁镁矿物占绝对优势，主要为橄榄石、辉石和角闪石，一般不含长石或含长石很少。

铁镁矿物含量大于90%的岩浆岩又叫超镁铁岩。大多数超基性岩都是超镁铁岩，但也有例外，比如单矿物的透辉石岩属于超镁铁岩，但不是超基性岩，因为SiO_2含量较高，可达55.6%。

超基性岩的色率一般>70，故色深，比重大。超基性岩在地表分布面积很小，只占岩浆岩分布面积的0.5%，在洋底分布的面积也不大。超基性岩常含重要的金属和非金属矿产，故极受人们的重视。

2. 侵入岩的主要类型

超基性侵入岩按其矿物成分不同可以分为以下几种类型：橄榄岩类（图2-17），主要由橄榄石组成；辉石岩类，主要由辉石组成；角闪石岩类，主要由角闪石组成；黑云母岩类，主要由黑云母组成。这四类岩石中以前两种为多，角闪石岩次之，黑云母岩最少。但在自然界中，最常见的不是典型的上述四种岩石，而是它们之间的过渡类型。

超基性深成侵入岩的代表岩石为橄榄岩。肉眼观察这类岩石多呈黑色、暗色或深色，粗粒结构、块状构造、比重大。橄

图2-17 玄武岩中的橄榄岩

榄岩的主要矿物成分为橄榄石和辉石，次要矿物有角闪石、基性斜长石和黑云母，副矿物常见的有磁铁矿、钛铁矿、尖晶石、铬铁矿以及镍、钴、铜、铂等金属矿物及磷灰石等。橄榄岩的结构主要为粗中粒粒状结构，构造多为块状构造、流动构造和带状构造。新鲜的橄榄岩很少见到，多数已遭受蚀变，可变为深色、隐晶质致密具滑感的蛇纹岩，有时可见蛇纹石石棉分布其中，或变为浅色、硬度小、具块（片）状构造的滑石菱镁（片）岩，或变为绿色片岩（绿泥石片岩、阳起石透闪石岩等）。

超基性的浅成岩分布比深成岩要少得多，常见类型以金伯利岩为代表。金伯利岩（角砾云母橄榄岩，图2-18）于1870~1871年首先被发现于南非金伯利城而得名。它是含金刚石的岩石之一，因而闻名于世。金伯利岩多呈黑、暗绿、灰绿、灰等色，而以灰绿色者居多。具细粒结构、斑状结构及角砾状构造、岩球构造。在角砾的成分中，有一些是来自地幔的石榴石二辉橄榄岩和榴辉岩的包体，有一些是盖层沉积岩、变质岩碎块及一些早期金伯利岩角砾。组成斑晶的矿物主要是橄榄石、金云母、翠绿色的铬透辉石及玫瑰红色的镁铝榴石。

图2-18　金伯利岩

金伯利岩常易遭受蛇纹石化，具滑感，风化强烈时呈黄绿色土状或红土状。碳酸盐化、蚀变强烈时岩石似碳酸岩,硅化则使岩石较致密坚硬。我国山东、辽宁都发现有具工业意义的含金刚石的金伯利岩体。

3. 火山岩的类型

超基性岩类的火山岩分布也很少，常见的岩石为苦橄岩、玻基纯橄岩（麦美奇岩）等，近年来又发现有碳酸岩和科马提岩。

（1）苦橄岩：矿物成分以橄榄石、辉石为主，不含或含少量的基性斜长石、普通角闪石，副矿物为钛铁矿、磁铁矿、磷灰石等。还含有玻璃质，但均已脱玻化。岩石呈暗绿色至黑色。具细粒至微粒结构，或斑状结构，橄榄石大部分呈斑晶。

（2）科马提岩：是一种含镁很高的超镁铁质火山岩，因首先发现于南非科马提河流域而得名。这种岩石常与拉斑玄武岩呈互层产于太古代绿岩带中。主要矿物成分为含镁较高的橄榄石、富铝单斜辉石、铬尖晶石、钛铁矿及磁铁矿。科马提岩的一个重要特征是其中的橄榄石和单斜辉石具针状骸晶，平行排列成簇（图2–19），形成特殊的鬣刺结构（鬣刺是澳大利亚产的一种草，状如马颈上的长毛）。这种结构是熔岩迅速冷却的结果。

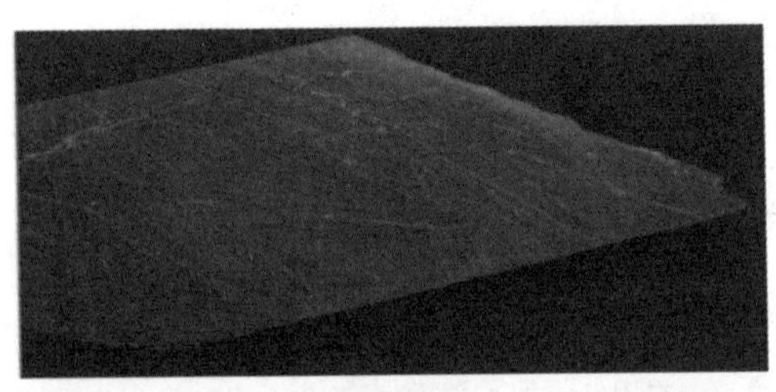

图2–19　科马提岩

二、基性岩类（辉长岩–玄武岩类）

1. 一般特征

本类岩石在化学成分上，SiO_2含量为45%～53%，Al_2O_3可达15%，CaO含量可达10%，均比超基性岩高，但FeO、MgO含量则比超基性岩低。

矿物成分上由于FeO、MgO的含量减少，因此铁镁矿物含量显著下降，而浅色矿物增加约占50%。主要矿物为辉石和基性斜长石，次要矿物为橄榄石、角闪石和黑云母，不含石英或只含少量石英，色率较高。

本类岩石的侵入岩（辉长岩、辉绿岩）数量较少，但喷出岩（玄武岩类）则数量极多。玄武岩是喷出岩中分布最广的一种，它的分布面积差不多是所有其他喷出岩分布面积总和的5倍。

2. 侵入岩的主要类型

基性深成侵入岩的代表岩石为辉长岩（图2–20）。辉长岩类岩石呈黑色、灰黑色或带红的深灰色。一般为中粒至粗粒半自形粒状结构，块状构造，但条带状构

图2–20　辉长岩（产地：济南）

造也很常见。由含辉石较多的深色条带和含斜长石较多的浅色条带相间而成。

辉长岩中的主要矿物成分是斜长石和辉石，次要矿物为橄榄石、角闪石和黑云母，偶尔含正长石和石英，副矿物常有磁铁矿、铬铁矿、磷灰石和尖晶石。辉石多为黑色短柱状，斜长石多为板状半自形晶体，新鲜的斜长石易见聚片双晶，但辉石有时可能蚀变为阳起石、透闪石，斜长石常蚀变为钠长石、绿帘石、黝帘石等矿物的集合体，此时斜长石呈淡黄绿色，光泽较暗淡。辉长岩呈规模较小的侵入体，往往与超基性岩及闪长岩等共生。

辉绿岩是一种浅成的基性侵入岩，多形成岩床、岩墙等，颜色为暗绿或黑色。矿物成分与辉长岩相似，即由辉石和斜长石组成，两者含量近乎相等，但结构与辉长岩不同。辉绿岩具典型的辉绿结构和斑状结构。辉绿结构是岩石由较自形的长条状斜长石微晶和他形粒状微晶的辉石等暗色矿物组成。辉石等暗色矿物充填于杂乱交错的长条状斜长石微晶所组成的空隙中。具斑状结构的辉绿岩称为辉绿玢岩。

图2-21　块状玄武岩、气孔状玄武岩（产地：昌乐）

3. 喷出岩

基性喷出岩石的典型代表为玄武岩（图2-21）。它们在地壳中的分布极为广泛，一般为黑色、绿至灰绿以及暗紫等色，气孔构造及杏仁构造普遍发育，在海底喷发的玄武岩中则常具有特殊的枕状构造。有的厚层玄武岩中还有十分发育的柱状节理，形成规则的六棱柱体，柱体垂直于熔岩层的延伸方向。玄武岩多具斑状结构或无斑隐晶质结构，也有玻璃质和半晶质结构。常见的斑晶矿物为斜长石、橄榄石和辉石，其中的橄榄石常变为褐红色的伊丁石。大多数玄武岩的基质都是隐晶质的，故一般肉眼分辨不出其矿物成分，只有个别种属（粗玄岩）中可看到其基质中的斜长石微晶和辉石晶粒。

三、中性岩类（闪长岩–安山岩）

1. 一般特征

本类岩石的侵入岩以闪长岩为代表，喷出岩的代表岩石为安山岩。它们在地壳中的分布情况和辉长岩–玄武岩类相似，其中侵入岩约占岩浆岩总面积的2%，而喷出岩约占23%，其分布面积仅次于玄武岩类。

化学成分上，SiO_2含量为53%～66%，属中性岩类。与基性岩类相比，其SiO_2含量增加，K_2O和Na_2O的含量也有所增加，平均为5%～6%，而CaO、FeO、Fe_2O_3、MgO进一步减少，FeO、Fe_2O_3和CaO含量各为6%～8%，MgO约为5%，Al_2O_3的变化不大。化学成分的这种变化致使中性岩中的暗色矿物含量大为减少，约30%，而浅色矿物则明显增加，可达70%，属中等色率。如果受同化混染作用的影响，暗色矿物含量也可增加，为40%～50%，岩石的色泽亦加深。中性岩的主要矿物成分为角闪石和斜长石，次要矿物为辉石、钾长石和石英。

闪长岩类的次生变化主要表现在斜长石、角闪石和黑云母的变化。角闪石、黑云母次生变化后常形成绿泥石，斜长石次生变化后常形成绿帘石、黝帘石及绢云母，绿泥石和绿帘石均为带绿色的矿物，因此次生变化的闪长岩常带浅绿色。岩石比重中等，为2.7～2.9。

2. 侵入岩的主要类型

侵入岩常见的种类有闪长岩、石英闪长岩、闪长玢岩、石英闪长玢岩、细粒（或微晶）闪长岩。

（1）闪长岩：是一种全晶质的岩石，灰色或灰绿色，半自形中细粒结构，块状构造，也可见斑杂构造（图2-22）。主要由角闪石和斜长石组成。次要矿物为辉石或黑云母、钾长石、石英。钾长石和石英的含量一般不超过5%。并不是每种闪长岩都含有辉石、黑云母、钾长石、石英等矿物，常常是有其中的一两种，主要是在某些过渡类型的闪长岩中，如向基性岩类过渡的闪长岩中常有辉石出现，而向酸性岩类过渡的闪长岩中则常有黑云母、钾长石和石英。角闪石多呈半自形长柱状，新鲜时可见较清楚的解理面。斜长石多呈白色和灰白色，半自形长方板柱状晶体、较新鲜的晶体可见清

图2-22　闪长岩

楚的玻璃光泽，有时可见清晰的聚片双晶。如果暗色矿物中辉石含量较多，则称为辉石闪长岩；如果黑云母含量较多，可称为黑云母闪长岩；如以角闪石为主，可称角闪闪长岩；如果石英含量增加，到5%～20%时，可称为石英闪长岩。石英含量较多，说明闪长岩向酸性岩类过渡。

（2）闪长玢岩：是一种浅成的闪长岩类岩石。由于其形成在地壳较浅处，冷却速度较快，因此形成了斑状结构。其成分与闪长岩基本相同，斑晶常常是斜长石和角闪石，有时也可以是辉石或黑云母，故称为玢岩。由于其成分相当于闪长岩，又具斑状结构，称为闪长玢岩。基质也由斜长石和角闪石组成，但结晶往往较细，手标本上有时不易分辨。岩石的颜色也常为灰色、灰白色，如有次生变化，则多为灰绿色。闪长玢岩常成为岩脉或闪长岩体边部的岩石产出。

3. 火山岩的主要类型

以安山岩（图2-23）为代表，这种岩石在南美洲安第斯山发育最好，因而得名安山岩。安山岩是一种成分上与闪长岩相当的喷出岩，但其产状、结构构造与闪长岩有明显差别，矿物成分上也有些不同。新鲜的安山岩呈浅灰色、灰色，次生变化后安山岩往往变成灰褐、红褐、褐绿、灰绿等色。安山岩大部分结晶较差，多为半晶质斑状结构，无斑隐晶结构或全玻璃质结构的少见。岩石致密，主要为块状构造，气孔和杏仁构造也较发育，而且多半比较规则。

矿物成分主要是角闪石和斜长石，也有辉石和黑云母，橄榄石很少见到。由于结晶较细，矿物成分一般只有在斑晶上可以看清楚，基质的成分不易鉴定。斑晶成分常由灰白色的斜长石、黑色或黑绿色的长柱状角闪石组成，有些角闪石斑晶有暗化现象，黑云母较少，也往往暗化呈褐色片状，只有比较偏酸性的安山岩中，斑晶常有黑云母。安山岩可根据暗色矿物斑晶成分进一步详细命名：斑晶主要是辉石，可称为辉石安山岩；斑晶以角闪石为主，

图2-23　安山岩

则称为角闪安山岩；以黑云母为主，可称为黑云母安山岩。

四、中性岩类（正长岩-粗面岩）

1. 一般特征

本类岩石的侵入岩以正长岩为代表，喷出岩的代表岩石为粗面岩。无论是侵入岩还是火山岩，在地壳内的分布都较少，据统计，其分布面积约占全部岩浆岩的0.6%。在化学成分上，SiO_2含量为53%～66%，与闪长岩相似，相当于中性岩，但K_2O和Na_2O的含量较高，K_2O+Na_2O的总含量可为8%～12%，而FeO、Fe_2O_3、MgO、CaO的含量则比闪长岩略低。

由于FeO、Fe_2O_3、MgO、CaO含量少，SiO_2、Al_2O_3、K_2O、Na_2O含量较高，在矿物成分上以浅色硅铝矿物占优势，暗色矿物含量较少，因此颜色比闪长岩要浅一些，常见为浅灰至浅肉红色。比重中等，与闪长岩类相似，为2.57～2.80。

本类侵入岩的次生变化常见的有钠长石化、高岭土化、绿泥石化、碳酸盐化等，而火山岩常见的次生变化为硅化、高岭土化、叶蜡石化及绢云母化等。

2. 侵入岩的主要类型

深成侵入岩常见的类型有正长岩、石英正长岩、二长岩及碱性正长岩，浅成侵入岩为正长斑岩、石英正长斑岩。具体种属特征如下：

（1）正长岩：常呈浅灰、浅肉红、浅灰红等色。多为中粗粒结构，也有的为似斑状结构，主要为块状构造，少数可见似片麻状或斑杂构造（图2-24）。主要矿物有钾长石和斜长石，次要矿物有角闪石、黑云母、辉石，不含石英或含量很少，最多不超过5%。暗色矿物含量一般为20%～30%。根据所含暗色矿物的种类不同，可进一步分别详细命名：暗色矿物以角闪石为主，可称为角闪正长岩；以黑云母为主，可称为黑云母正长岩；以辉石为主，可称为辉石正长岩。在手标本上，钾长石和斜长石有时不易区分，一般可从颜色、双晶和解理等方面的特征加以区别。钾长石常具浅肉红色，而斜长石多为灰白、黄白色。钾长石具卡式双晶，而斜长石具聚片双晶，把手标本转动不同方向，双晶特征常可清楚看到。钾长石的解理较为发育，因此常有较好的阶梯状断口。此外，也可用药品做简单的染色加以区别。如果石英含量为5%～20%，则可称为石英正长岩。这是一种向花岗岩类过渡的岩石。

（2）二长岩：所含矿物种类、结构构造与正长岩基本相同，不同的是二长岩中钾长石和斜长石的含量大致相等，结构有所差别。斜长石的自形程度比钾长石好，是向闪长岩类或辉长岩类过渡的一个变种（图2-25）。

（3）碱性正长岩：与普通正长岩的不同之处在于其钾、钠含量较高，因此该岩石所含的长石几乎全为钾钠长石（碱性长石）。暗色矿物则为碱性暗色矿物（碱性辉石、碱性角闪石等），有时可含少量霞石，一般不超过5%。因为是碱性辉石和碱性角闪石，所以其形态是较长的长柱状、针柱状以至纤维状。这是手标本鉴定碱性正长岩的一个重要特征。

图2-24　正长岩

图2-25　二长岩

（4）正长斑岩：这是一种浅成岩。其成分相当于深成的正长岩。常以小岩体或深成侵入体的边部产出，也可成为岩脉。斑状结构是其特征，斑晶主要是钾长石，有时有角闪石、黑云母、辉石。斑晶自形程度一般较好。基质结晶则较细，为细粒至微粒，有的可为隐晶质。由于基质结晶很细，一般不易精确鉴定其成分。如果没有斑晶，整个岩石为微粒结构时，可称为微晶正长岩。

正长岩类的次生变化主要表现为辉石、角闪石，黑云母常常绿泥石化，或绿帘石化，而长石类矿物常常为高岭石化、碳酸盐化等。

3. 火山岩的主要类型

火山岩中常见的类型为粗面岩，其次为粗面安山岩。

（1）粗面岩：是一种中浅色岩石，常为浅灰、灰绿、灰黄、肉红等色，具斑状结构，基质为隐晶质，玻璃质少见（图

2-26）。由于表面常有粗糙感，故名。常为块状构造，有时也有气孔构造。矿物成分与侵入岩相似，但也有某些差别，主要是粗面岩所含长石常常是高温的透长石，也可有正长石和斜长石。透长石成为斑晶时，有较好的透明度，比较新鲜，常能看到清楚的解理，手标本上比较容易鉴别。另外，辉石、角闪石、黑云母也可以形成斑晶，但一般含量不超过20%。除斑晶外，基质也由长石和暗色矿物（角闪石、辉石、黑云母等）组成，结晶较细，不易分辨。粗面岩的斑晶中如果有极少量石英出现，可命名为石英粗面岩，这是向酸性喷出岩过渡的一种变种。粗面岩与酸性喷出岩（流纹岩）外貌相似，如果无斑隐晶质就不容易区分，如果有斑晶出现则较易区分，因为粗面岩的斑晶一般不含石英，而流纹岩则有较多的石英斑晶。

图2-26　粗面岩

（2）碱性粗面岩：主要由碱性长石组成，基本上不出现斜长石，可有一些碱性暗色矿物发育，如霓辉石、霓石、钠闪石等。碱性长石往往是正长石、钠长石、透长石，有时还有一些似长石，但含量<10%。根据暗色矿物的种属可进一步划分出霓石粗面岩、钠闪石粗面岩等。

（3）粗面安山岩：亦可称为粗安岩，成分相当于二长岩，是向安山岩过渡的一种岩石。与粗面岩的不同之处在于其除含钾长石斑晶外，还含较多的斜长石斑晶。在手标本上只根据岩石的外貌有时不易与安山岩区别。

五、酸性岩类（花岗岩-流纹岩）

1. 一般特征

本类岩石的侵入岩以花岗岩和花岗闪长岩为代表，火山岩以流纹岩和英安岩为代表。化学成分上，SiO_2的含量是各类岩浆岩中最高者，故属硅酸过饱和的岩石，习惯上称为酸性岩。FeO、Fe_2O_3、MgO、CaO的含量则是各类岩浆岩中最少的一类岩石，FeO、Fe_2O_3、MgO含量一般低于2%，CaO的含量低于3%，而K_2O和Na_2O的含量则较高，平均为6%～8%，部分可达10%。

由于本类岩石铁、镁含量低，故暗

色矿物含量也是各类岩浆岩中最少的，一般在10%以下，而浅色矿物最多，一般＞90%。矿物种类与前述几类岩浆岩也有所不同，主要是石英含量很高。由于铁镁矿物含最少，比重较小，一般为2.54～2.78。

花岗岩类岩石的次生变化常见有高岭土化、绢云母化、绿泥石化等。

2. 侵入岩的主要类型

深成岩有花岗岩、花岗闪长岩、斜长花岗岩、二长花岗岩、文象花岗岩等，浅成岩有花岗斑岩、石英斑岩等。各类岩石的特征如下：

（1）花岗岩：这是本类岩石中最常见的一种岩石，多为浅肉红色、浅灰色、灰白色等（图2-27）。中粗粒、细粒结构，块状构造，也有一些为斑杂构造、球状构造、似片麻状构造等。主要矿物为石英、钾长石和酸性斜长石，次要矿物则为黑云母、角闪石，有时还有少量辉石。副矿物种类很多，常见的有磁铁矿、榍石、锆石、磷灰石、电气石、萤石等。石英含量是各种岩浆岩中最多的，其含量为20%～50%，少数为50%～60%。钾长石的含量一般比斜长石大，两者的含量比例关系常常是钾长石占长石总量的2/3，斜长石占1/3。钾长石在花岗岩中多呈浅肉红色，也有灰白、灰色的。灰白色的钾长石和斜长石在手标本上往往不易区分。这时要仔细观察这两种长石的双晶特征，因为斜长石具聚片双晶，转动手标本时可见到斜长石晶体上有规则的明暗相间的聚片，而钾长石为卡式双晶，表现为明亮程度不同的两半晶体。

图2-27 花岗岩

花岗岩还可以根据暗色矿物种类进一步命名。如暗色矿物主要是黑云母，可称为黑云母花岗岩，这是常见的一种花岗岩。如为黑云母和白云母，其含量接近相等，可称为二云母花岗岩；如果暗色矿物以角闪石为主，则称为角闪花岗岩；如果暗色矿物以辉石为主，则称为辉石花岗岩；几乎不含暗色矿物的则可称为白岗岩。

（2）二长花岗岩：是指钾长石和

斜长石含量近于相等的一种花岗岩（图2-28）。根据暗色矿物的种类也可进一步分出黑云母二长花岗岩、角闪石二长花岗岩等。

（3）花岗闪长岩：其特点是斜长石含量大于钾长石，一般是斜长石占长石总量的2/3左右，而暗色矿物则以角闪石为主，部分为黑云母（图2-29）。石英的含量一般比花岗岩略少，是花岗岩向闪长岩过渡的一种中性至酸性岩石。

（4）英云闪长岩：是由酸性或中酸性斜长石为主组成的一种花岗岩，含钾长石很少或不含，暗色矿物为黑云母或角闪石，石英含量大于20%，因此岩石常为灰白色。

（5）花岗斑岩：是一种常见的浅成花岗岩，具全晶质斑状结构，成分相当于花岗岩，基质结晶较细，一般为细粒至微粒结构。斑晶成分主要为钾长石、石英，有时也可见少量黑云母或角闪石。颜色多为浅肉红色或灰白色。

（6）石英斑岩：也是一种成分相当于花岗岩的浅成岩，具全晶质斑状结构。与花岗斑岩不同的是其斑晶成分主要为石英，基质一般为隐晶质。

3. 火山岩的主要类型

酸性火山岩的代表岩石为流纹岩，其成分相当于花岗岩。由于本类岩浆含SiO_2高，黏度大，当这类岩浆喷出地表迅速冷却后，结晶很细，以至经常成玻璃质的岩石。石英和长石常常是高温的种属，如透长石、高温石英，而角闪石和黑云母在地表温压条件下不稳定，因此少见。隐晶质和玻璃质是流纹岩类结构的特征。块状构

图2-28　二长花岗岩

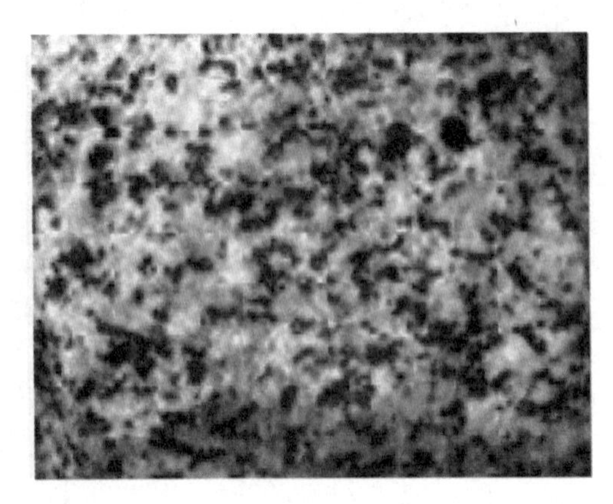

图2-29　花岗闪长岩

造，或流纹构造，也有气孔构造，但气孔常常是不规则的形态，这与中基性的喷出岩的气孔形态有明显的不同。

除流纹岩外，常见的酸性火山岩还有英安岩、黑曜岩、松脂岩、珍珠岩、浮岩等。具体岩石特征如下：

（1）流纹岩：颜色多为浅色，如浅灰、粉红、灰红、灰白色等，少数为深灰或砖红色。流纹岩的结晶程度一般较差，除有少数斑晶外，基质多由很细的隐晶质和玻璃质组成，主要为长石和石英质（图2-30）。斑晶主要由透长石和石英组成。透长石的透明度高，很少次生变化。

石英斑晶常为烟灰色不规则的粒状，也可见规则的六方双锥晶面，常为高温型石英。斑晶中很少见到暗色矿物。新鲜的流纹岩常具瓷状断口或贝壳状断口，是其重要特征。流纹岩常有流纹构造。流纹岩

图2-30 流纹岩

这一名称，最先就是指的那些具有流纹构造的酸性喷出岩，后来随着对岩石研究的深入，发现具流纹岩成分的岩石不一定都具有流纹构造，因此流纹构造就不是流纹岩必不可少的特征，是否是流纹岩主要取决于其成分特点，有一些中酸性喷出岩甚至少数基性喷出岩也可形成流纹构造。流纹岩也可以有气孔和杏仁构造，但一般比基性喷出岩少，而且不那么规则。

（2）英安岩：英安岩的成分与花岗闪长岩相当，是流纹岩向安山岩过渡的一种岩石。与安山岩相比，英安岩含有较多的石英，暗色矿物则较少。与流纹岩相比，其斑晶中石英较少，而斜长石较多。英安岩多为隐晶质或半晶质，斑状结构常见，也可呈无斑隐晶结构。构造除块状构造外，也可见流纹构造。

Part 3 沉积岩解读

沉积岩是在地表和地表下不太深的地方，在常温常压条件下，由风化作用、生物作用和某些火山作用产生的物质经搬运、沉积和成岩等一系列地质作用而形成的。沉积岩的体积只占岩石圈的5%，但其分布面积却占陆地的75%，大洋底部几乎全部为沉积岩或沉积物所覆盖。

沉积岩形成过程

与岩浆岩和变质岩相比，沉积岩的形成过程最容易被人直接观察到，因而常被直观地划分成三个阶段，即原始物质的生成阶段、原始物质向沉积物的转变阶段、沉积物的固结和持续演化阶段。

一、原始物质的生成阶段

原始物质的生成与它的来源有关，虽然整个表生带包括岩石圈上部、整个水圈、生物圈和大气圈下部都是原始物质的来源，但最重要的来源还是母岩风化（图3-1），其次是火山喷发（图3-2），而直接的宇宙来源在近几十年也受到了关注。

母岩风化所指母岩可以是任何早先形成的岩石，它们在遭受物理、化学和生物风化时，大体可为沉积岩提供三大类物

图3-2 火山灰

图3-1 花岗岩风化形成的碎屑

质，即碎屑物质、溶解物质和不溶残余物质。碎屑物质是从母岩中机械分离出来的岩石或单个晶体的碎块，又称陆源碎屑，按大小顺序可进一步划分为砾、沙、粉沙和泥。溶解物质是由母岩释放出来的各种离解离子和胶体离子，是化学或生物化学的作用结果。在自然条件下，一般母岩矿物的化学风化都是十分缓慢和不彻底的作用过程，大多总会留下一些过渡性或性质相对稳定的中间产物，其中最常见的是黏土矿物和铁、锰、铝等的氧化物或其水化物，它们大多数是一些细小的固态质点，被统称为不溶残余物质（或称化学残余、风化矿物等）。留在风化面上的碎屑物质、不溶残余物质就称为残积物。

火山爆发生成的原始物质通常指火山碎屑，有时也指水下爆发（尤其是喷气）直接进入水体的溶解离子。火山碎屑在向沉积岩提供时，常常是混在母岩风化产物中的次要成分，倘若它们成为主要成分，所形成的岩石即属火山碎屑岩（岩浆岩）的范畴，这当然只是人为的划分，在这一点上，沉积岩和岩浆岩实际并无严格界限。

直接来自宇宙的物质一般指陨石和宇宙尘。据统计，现在平均每年降落的陨石是 500 颗左右，能找到的大约只有 20 颗，大小通常为几厘米或几十厘米。宇宙尘多一些，平均每年每平方米的地球表面可降落 1～5 颗，但大小都不到 0.5 mm，成分主要是富铁镁的硅酸盐，如橄榄石、辉石或磁铁矿、方铁矿等，在地表条件下很容易遭到风化，无论是以“碎屑”形式还是分解成离子或不溶残余物质，都会被地球岩石风化产物所淹没，因而在造岩组分中它们是极其次要的。

——地学知识窗——

宇宙尘

宇宙尘是由众多细小粒子组成的一种固态尘埃，自宇宙大爆炸起，便四散在浩翰宇宙之中。宇宙尘的组成包含硅酸盐、碳等元素及水分，部分来自彗星、小行星等星体的崩解。宇宙尘可以穿透地球大气不被烧蚀，估计每年沉降到地表的宇宙尘为1万～10万吨。宇宙尘保存其原有宇宙信息，是研究太阳系化学组成和推测太阳系起源的理想样品。

二、原始物质向沉积物的转变阶段

原始物质一旦出现在地球表面，实际就已进入了第二个阶段——向沉积物的转变阶段。在这个阶段，除少量原始物质形成残积物外，绝大多数原始物质都会离开它的生成地点向沉积盆地方向搬运（图3-3）。到达盆地以后，盆地内的搬运常常还要继续进行。碎屑和不溶残余的搬运力主要来自水的流动，也可来自风、冰川和被搬运物自身的重力，搬运途中的碰撞和摩擦会改变它们的原始形状和大小，也会伴随发生各种化学变化，所以随搬运距离或搬运时间的延长，它们与原始物质之间的差别会越来越大。当搬运力小到一定程度时，它们会以机械方式沉积或静止下来。溶解物质的搬运主要靠水的流动，但在一定范围内也可靠不同浓度间的扩散。搬运途中，部分溶解离子会随水的向下渗透而失去，也有新的溶解离子加入进来，当物化条件适宜时，相关离子将以化学方式彼此结合形成新的矿物而沉淀，部分溶解离子还会被生物吸收，以生物化学方式参与有机体的形成。已经沉积或沉淀的物质可以被再次搬运，甚至会出现多次反复，盆地内的各种物理、化学或生物作用还会制造出许多特殊的游移性颗粒实体，如生物碎屑、鲕粒等等，它们将像陆源碎屑那样以机械方式搬运，再以机械方式沉积或静止。无论搬运路途多么曲折、搬运过程多么复杂，被搬运物质最终还是会沉积下来，这种由沉积不久的物质构成的疏松多孔、大多还富含水分的地表堆积体就称为沉积物。

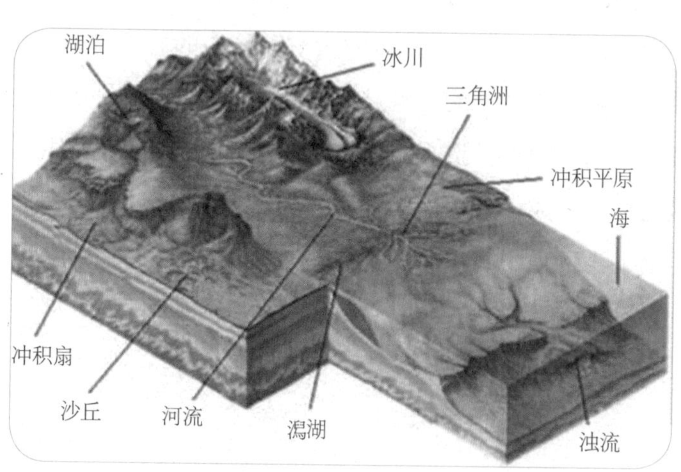

图3-3 各种沉积环境

这样，第二阶段也可表述为原始物质通过沉积作用在地表重新分配组合、形成沉积物的阶段。在自然规律的支配下，沉积物总是会按自己的成分和结构构造，以一定的体积和外部形态在沉积盆地中占据最适合自己的位置，尽管它还比较疏松，但已经具备了一个相对稳定的三维格架，沉积岩正是借助了这个格架才得以完成它的最后形成过程。也正因为如此，研究沉积岩的首要任务也就是研究相关的沉积物。

三、沉积物的固结和持续演化阶段

沉积物的堆积可以十分缓慢，也可以非常迅速。随着时间的推移，较早形成的沉积物逐渐被埋入地下，它所处的温度和压力会随之升高，所含有机质逐渐降解，内部孔隙水因被挤出向压力较低的部位移动而减少，同时接受压力更高部位水的补充，有机质降解产物溶于其中还会提高它的化学活性。孔隙水的这种不断更新可能会溶解掉沉积物中的不稳定成分，重新沉淀出较为稳定的成分；一些喜氧或厌氧细菌也会以生物化学方式加入到矿物相的转化中；即使是较为稳定的成分，也会在压力增高的条件下调整自己的空间方位。伴随所有这些变化，沉积物就会逐渐固结成为致密坚硬的沉积岩。完成这一过程所需埋深和时间，与沉积物的成分和埋藏地的地温梯度有关，大致在 1~100 m 和1 000万~100万年前之间，而在特殊情况下也可无须埋藏，而在几十年内直接在沉积物表层迅速完成固结过程。固结成的岩石随埋深进一步加大，温度和压力进一步提高，还会进一步变化，大约在地下几千米的深度渐渐向变质岩过渡，也可能被构造运动抬升到浅部接受地下水的淋溶或接纳新的沉淀矿物，或者到达地表遭受风化成为新一代母岩。这就是沉积物固结和持续演化阶段可能涉及的主要过程。

三个阶段对沉积岩的影响都是深刻的，也是造成沉积岩物质成分、结构构造多样性和时空分布复杂性的直接原因。

沉积岩特征

一、沉积岩的物质成分

沉积岩的固态物质包括有机质和矿物两大部分。除了煤这种可燃有机岩以外，一般沉积岩中的有机质主要赋存在泥质岩和部分碳酸盐岩中，其他岩石中的含量很少，常在 1%以下，其中可溶于有机酸的部分是沥青，其余难溶于常用无机或有机溶剂的部分称为干酪根，二者都是沉积有机质经沉积后降解的产物。

沉积岩中的矿物比较复杂。由于原始物质中的碎屑物质可来自任何类型的母岩，所以岩浆岩、变质岩中的所有矿物都可在沉积岩中出现。迄今为止，已知沉积岩中的矿物达 160 种，但其绝大多数都比较稀少或分散，只有20种左右是比较常见的，而且存在于同一岩石中的矿物不超过 5~6种，有些仅1~3种。矿物成分在整个沉积岩中的多样性和在具体岩石中的简单性从一个侧面反映了沉积岩成因的独特性质。

沉积岩中的矿物按其成因一般可以分为三类：陆源碎屑矿物、自生矿物、次生矿物。陆源碎屑矿物系指从母岩中继承下来的一部分矿物，呈碎屑状态出现，是母岩物理风化的产物，亦称继承矿物或他生矿物。自生矿物是指沉积岩形成过程中，母岩分解出的化学物质沉积形成的矿物及成岩作用过程中生成的矿物。次生矿物是沉积岩遭受风化作用而形成的矿物，如由海绿石或黄铁矿风化所产生的褐铁矿、碎屑长石风化而成的高岭石等。自生矿物一般是沉积物质与所处环境达到物理、化学平衡时的产物，所以是恢复其相应形成阶段介质物理、化学性质的标志。陆源碎屑矿物与沉积条件之间一般不存在物理、化学平衡，但它是连接沉积物与母岩的历史纽带，陆源碎屑矿物的组合是分析母岩类型的依据。次生矿物对岩石成因则没有直接的指示意义。

二、沉积岩的结构

与岩浆岩和变质岩整体上都具有结晶的结构面貌不同，沉积岩虽然都是沉积成因，却没有统一的沉积结构面貌，这主要是因为不同沉积物可以具有截然不同的沉积机理，沉积后还要继续经受改造造成的。

由于沉积岩基本上可看成是固结了的沉积物，所以在大多数情况下，沉积岩的整体结构就基本上由沉积物决定，或者说，该整体结构在沉积作用中就已大致形成，只是在成岩作用中被封固在了沉积岩中，只有少数结构是在沉积后作用中重新形成的。归纳起来，沉积岩的整体结构可分为5种基本类型（图3-4）。

1. 碎屑结构

主要由砾、沙等较粗的陆源碎屑（或他生矿物颗粒）机械堆积形成。这些碎屑颗粒之间的物质称为填隙物。它们可以是与碎屑颗粒大致同时沉积却细小许多的机械沉积质点，如粗大砾石之间的泥沙、沙粒之间的泥等等，这种填隙物称为基质；也可以是在沉积后作用中由孔隙水沉淀出来的矿物晶体，这种填隙物称为胶结物。当然填隙物有时并不会将碎屑颗粒之间的空间全部填满，这时就会出现一些孔隙。

2. 泥状结构

主要由极细小（泥级）的固态质点机械堆积形成。这些质点通常不是单一成因，既可由母岩或其他物体机械破碎产生，也可以在风化或沉积作用中由化学或生物作用产生。沉积时，不同成因的质点常常会混杂在一起而同时参与结构的形成。它们出现在碎屑结构中时就成了碎屑结构中的基质。

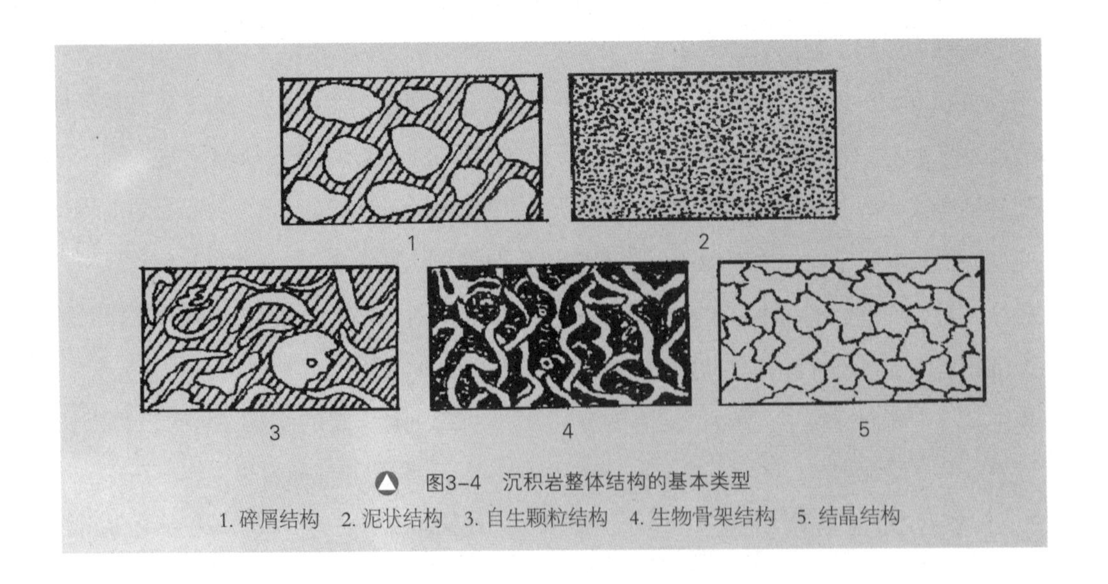

图3-4 沉积岩整体结构的基本类型

1. 碎屑结构 2. 泥状结构 3. 自生颗粒结构 4. 生物骨架结构 5. 结晶结构

3. 自生颗粒结构

常被简称为颗粒结构，主要由一些特殊的颗粒，如生物碎屑、鲕粒等机械堆积形成。颗粒之间的填隙物也有基质和胶结物的不同，在这些方面，它与碎屑结构极为相似，但结构中的颗粒却不同于陆源碎屑，它主要是由自生矿物构成的。

4. 生物骨架结构

该结构主要由造礁生物原地生长繁殖形成。在生物骨架之间的空隙中常有自生颗粒、泥级质点或胶结物充填。

5. 结晶结构

该结构也称化学结构，主要由原地化学沉淀的矿物晶体形成。所谓“原地”，是指晶体的大小、形态和相对位置都是在矿物沉淀时形成的。就结构面貌而言，结晶结构与岩浆岩或变质岩的某些结构很相似，但结构中的矿物却是从低温低压的水溶液中沉淀的，而且大多都是同一种矿物。它们显然都是自生矿物。这种结构可以在沉积时形成，也可在沉积以后由其他结构改造形成。

这 5 种结构在具体表象或成因上还有许多变化，之间还有诸多过渡类型。岩石除有整体结构以外，也还有局部或次一级的结构。

三、沉积岩的颜色

颜色是沉积岩的重要宏观特征之一，对沉积岩的成因具有重要的指示性意义。

1. 颜色的成因类型

决定岩石颜色的主要因素是它的物质成分，所以沉积岩的颜色也可按主要致色成分划分成两大成因类型，即继承色和自生色。主要由陆源碎屑矿物显现出来的颜色称为继承色，是某种颜色的碎屑较为富集的反映，只出现在陆源碎屑岩中，如较纯净石英砂岩的灰白色、含大量钾长石的长石砂岩的浅肉红色、含大量隐晶质岩屑的岩屑砂岩的暗灰色等等。主要由自生矿物（包括有机质）表现出来的颜色称为自生色，可出现在任何沉积岩中。按致色自生成分的成因，自生色可分为原生色和次生色两类。原生色是由原生矿物或有机质显现的颜色，通常分布比较均匀稳定，如海绿石石英砂岩的绿色、碳质页岩的黑色等等。次生色是由次生矿物显现的颜色，常常呈斑块状、脉状或其他不规则状分布，如海绿石石英砂岩顺裂隙氧化、部分海绿石变成褐铁矿而呈现的暗褐色等等。无论是原生色还是次生色，其致色成分的含量并不一定很高，只是致色效果较强罢了。原生色常常是在沉积环境中或在较浅埋藏条件下形成的，对当时的环境条件具有直接的指示性意义。次生色除特殊情况外，多是在沉积物固结以后才出现的，只与固结以后的条件有关。

2. 几种典型自生色的致色成分及其成因意义

（1）白色或浅灰白色：岩石不含有机质，构成矿物（不论其成因）基本上都是无色透明时常为这种颜色，如纯净的高岭石（图3-5）、蒙脱石黏土岩、钙质石英砂岩、结晶灰岩等等。

（2）红、紫红、褐或黄色：岩石含高铁氧化物或氢氧化物时可表现出这种颜色。其含量低至百分之几即有很强的致色效果，通常高铁氧化物为主时偏红或紫红（图3-6），高铁氢氧化物为主时偏黄或褐黄。由于自生矿物中的高铁氧化物或氢氧化物只能通过氧化才能生成，故这种颜色又称氧化色，可准确地指示氧化条件（但并非一定是暴露条件）。陆源碎屑岩的氧化色多由高价铁质胶结物造成，泥质岩、灰岩、硅质岩的氧化色常由弥散状高铁微粒造成。由具有氧化色的砂岩、粉砂岩和泥质岩稳定共生形成的一套岩石称为红层或红色岩系。地球上已知最古老的红层产于中元古代，据此推测，地球富氧大气的形成不会晚于这个时间。

（3）灰、深灰或黑色：这通常是岩石含有有机质或弥散状低铁硫化物（如黄铁矿、白铁矿）微粒的缘故，它们的含量愈高，岩石愈趋近黑色（图3-7）。有机质和低铁硫化物均可氧化，故这种颜色只能形成或保存于还原条件，也因此而称为还原色。陆源碎屑岩、石灰岩、硅质岩等的还原色大多与有机质有关，泥质岩的还原色既与有机质也与低铁硫化物有关。

（4）绿色：一般由海绿石、绿泥石等矿物造成。这类矿物中的铁离子有 Fe^{2+} 和 Fe^{3+} 两种价态，可代表弱氧化或弱还原

图3-5 高岭土

图3-6 红色砂岩

图3-7 黑色砂岩

条件。砂岩的绿色常与海绿石颗粒或胶结物有关，泥质岩的绿色常是绿泥石造成的。此外，岩石若含孔雀石也可显绿色，但相对少见。

除上述典型颜色以外，岩石还可呈现各种过渡性颜色，如灰黄色、黄绿色等等，尤其在泥质岩中更是这样。泥质沉积物常含不等量的有机质，在成岩作用中，有机质会因降解而减少，高锰氧化物或氢氧化物（致灰黑成分）常呈泥级质点共存倾向，一些有色的微细陆源碎屑也常混入，这是泥质岩常常具有过渡颜色的主要原因，而砂岩、粉砂岩、灰岩等的过渡色则主要取决于所含泥质的多少和这些泥质的颜色。

影响颜色的其他因素还有岩石的粒度和干湿度，但它们一般不会改变颜色的基本色调，只会影响颜色的深浅或亮暗。在其他条件下，岩石粒度愈细或愈潮湿，其色愈深愈暗。

四、沉积岩的构造

沉积岩的构造是指沉积岩各组成部分的空间分布和排列方式，即由于成分、结构、颜色的不均一性而引起的岩石的宏观特征。沉积岩的构造主要有层理构造、层面构造、缝合线、叠层构造及结核等。

1. 层理构造

层理是最常见的一种沉积构造。层理是通过沉积岩中不同的物质成分、结构和颜色沿着垂直方向的突变或渐变所显示出来的一种成层构造。层或岩层是沉积岩系或沉积地层的基本组成单位。它具有基本均一的成分、结构、颜色和内部构造，上、下以层面与相邻的层分开，空间上有一定的稳定性，是在较大区域内沉积环境基本一致的条件下形成的岩石地质体。层理可以分为水平层理、波状层理和斜层理，斜层理又可分为斜交层理和交错层理（图3–8）。

2. 层面构造

未固结的沉积物，由于机械原因或生物在其表面活动所造成的痕迹，有时可被后来的沉积物覆盖而保留在层面上，这种构造现象称层面构造。层面构造主要形成于岩层的顶面，但也可在上覆岩层的底面上留下印痕。层面构造包括波痕、雨痕、泥裂、虫迹及各种印痕等（图3–9）。层面构造也是沉积岩区别于岩浆岩和变质岩的依据之一。研究沉积岩的层面构造可以帮助恢复沉积环境、确定地层是否倒转等。

水平层理

斜层理

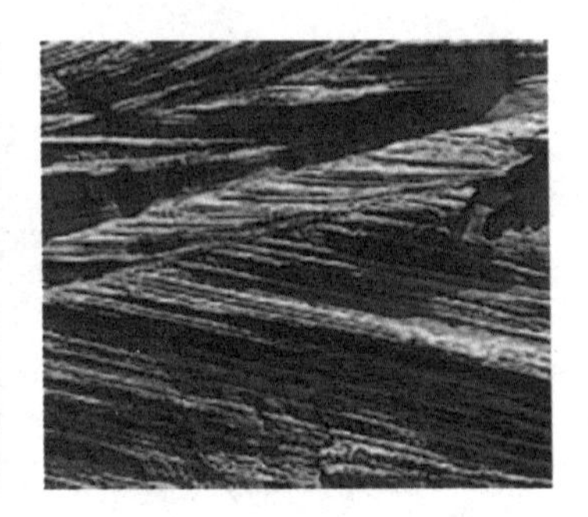
交错层理

图3-8 层理类型

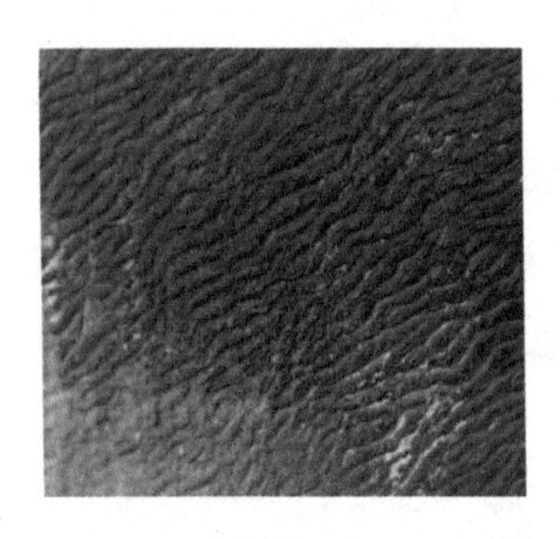
波痕

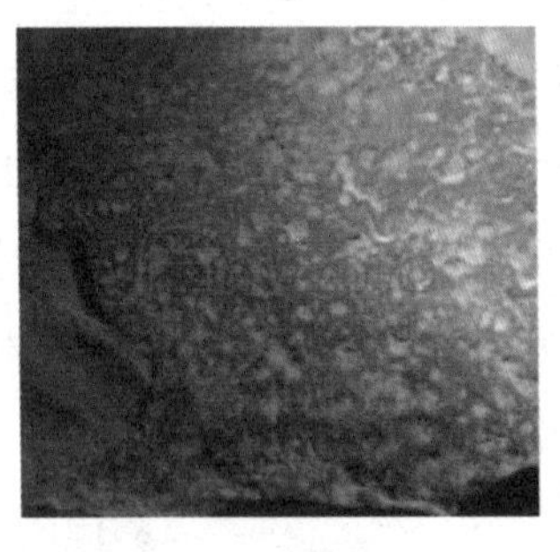
雨痕

泥裂

图3-9 层面构造

——地学知识窗——

波痕

它是由于风、流水或波浪等作用于沉积物表面所造成的起伏不平的波纹状痕迹。这种痕迹表现在层内的遗迹是小型波状层理，而表现在层面上的痕迹即为波痕。波峰的延长方向与水或风的流动方向呈垂直或斜交，或具一定程度的平行性，或具有某种相似程度的排列性，按波峰的形状及延长性质可分为直线状、弯曲状、舌状、新月状等，上述形态与水流的深度及流速有关。波痕形成于砂质、粉砂质岩层的顶面，但可在上覆岩层的底板上留下印模。因此，利用波痕可以决定岩层的顶面和底板。

3. 生物成因的构造

由于生物的生命活动而在沉积物中形成的构造，称为生物成因构造。生物对沉积构造的形成和破坏都有极其重要的意义。它可以改造和破坏沉积物的原始层理，形成不显任何内部构造的块状均质岩石，也可以通过某些生物活动形成特殊的构造类型，如叠层构造、虫迹、虫孔等。

4. 结核

结核是指在成分、结构、颜色等方面与围岩有显著区别，且与围岩间有明显界面的矿物集合体。结核的成分有碳酸盐质、锰质、铁质、硅质、磷酸盐质和硫化铁结核等。结核形状有球形、椭球形、透镜状或不规则团块状等，大小悬殊，其内部构造也很不一致。结核常在碎屑岩、黏土岩、碳酸盐岩中成单个或串珠状群体出现。结核按其生成阶段可分为同生结核、成岩结核和后生结核等3种（图3-10）。

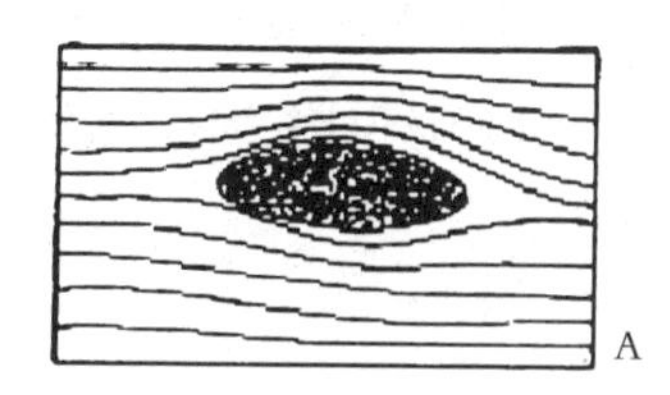

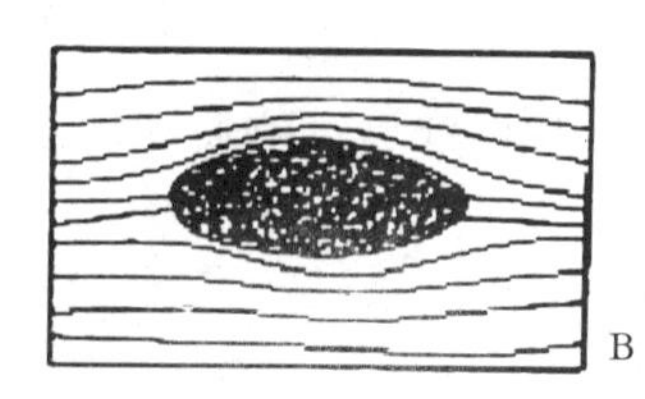

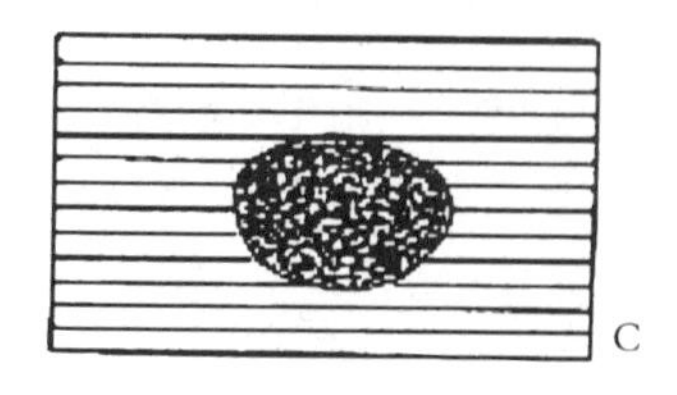

图3-10 结核的成因类型
A.同生结核 B.成岩结核 C.后生结核

5. 缝合线

在碳酸盐岩中，垂直于岩层的断面上常可见到呈不规则的齿状线，很像动物的头盖骨之间的结合线，称缝合线（图3-11）。在平面上缝合线呈参差起伏的面，该面称为缝合面。缝合线长短不一，波状起伏，从几毫米至几厘米。产状大多数与层理平行，但亦有斜交和垂直的。

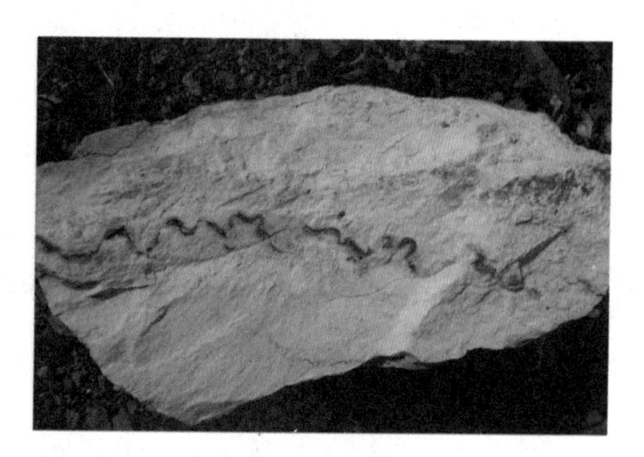

图3-11 大理岩中的缝合线

沉积岩主要类型

一、沉积岩的分类

沉积岩常以成因作为划分基本类型的基础，并以成分、结构、构造等特征为进一步分类的依据，主要分为五大类（表3-1）。

1. 陆源碎屑岩类

主要是指由母岩机械破碎所形成的碎屑物质，经搬运、沉积而成的岩石。这类岩石可按陆源碎屑颗粒的大小细分为粗碎屑岩（砾岩和角砾岩）、中碎屑岩（砂岩）、细碎屑岩（粉砂岩）。

2. 火山碎屑岩类

主要指由火山喷发出来的火山碎屑物质就地或在火山口附近堆积而成的岩

表3-1　　沉积岩分类简表

陆源碎屑岩类(按粒度细分)	火山碎屑岩类(按粒度细分)	黏土岩类 (按成分、固结程度细分)	碳酸盐岩类 (按成分、结构-成因细分)	其他岩类 (按成分细分)
砾岩（角砾岩） 砂岩 粉砂岩	集块岩 火山角砾岩 凝灰岩	按成分细分：高岭石黏土岩、蒙脱石黏土岩、伊利石黏土岩 按固结程度细分：黏土、泥岩、页岩	按成分细分：石灰岩、白云岩、泥灰岩 按结构-成因细分：亮晶异化石灰岩、泥晶异化石灰岩、泥晶石灰岩、原地礁灰岩、交代白云岩	铝质岩 铁质岩 锰质岩 硅质岩 磷质岩 蒸发岩 可燃有机岩

注：据徐永柏《岩石学》，1985年。

石。这类岩石可按火山碎屑的粒度细分为集块岩、火山角砾岩和凝灰岩等。

3. 黏土岩类

主要是指粒度小于0.005 mm的碎屑颗粒，并含有大量黏土矿物、呈疏松状或固结的岩石。

4. 碳酸盐岩类

主要由沉积的钙、镁碳酸盐矿物（方解石、白云石等）组成。主要岩石类型为石灰岩和白云岩。

5. 其他岩类

主要是母岩经强烈的化学风化所形成的真溶液和胶体溶液，搬运至水盆地中，经化学作用或生物化学作用沉积而形成的岩石。本类岩石若按其成分、成因及化学分异的顺序可分为铝质岩、铁质岩、锰质岩、硅质岩、磷质岩、蒸发岩、可燃有机岩等，其中以硅质岩类分布比较普遍，其他则较稀少。

——地学知识窗——

硅质岩

硅质岩是一种含二氧化硅70%～90%的沉积岩。二氧化硅通过化学作用或生物化学作用沉积、热水作用沉积或火山作用沉积生成。主要矿物成分是蛋白石、玉髓及自生石英。混有碳酸盐、氧化铁、海绿石、黏土矿物等，具隐晶质和非晶质的致密块状结构或生物结构。常呈薄层状及结核状构造。主要岩石类型有硅藻土、硅华、蛋白土、碧玉岩、燧石等。

二、陆源碎屑岩类

陆源碎屑岩是指大陆区的各种母岩经风化作用机械破碎形成的碎屑物质，在原地或经不同地质营力的搬运，在适当的沉积环境被化学成因物质所胶结的岩石。此类岩石一般由碎屑物质和胶结物质两大部分组成，其中碎屑物质的含量在岩石中占50%以上。陆源碎屑岩分布很广，数量仅次于黏土岩，居第二位。

1. 陆源碎屑岩的物质成分

陆源碎屑岩的物质成分主要由碎屑物质、化学物质、基质（杂基）三部分组成。陆源碎屑岩的碎屑物质，可占整个岩石的50%以上，是陆源碎屑岩的特征组分。它们主要来自盆地之外，是从陆地上搬运来的，故又称陆源碎屑。它们是物理风化和机械搬运沉积的产物，可分为矿物碎屑和岩石碎屑两类。

矿物碎屑又称陆源碎屑矿物或碎屑矿

物，在陆源碎屑岩中常见的碎屑矿物有20多种，但每种岩石中主要的碎屑矿物常不超过3～5种，最主要的碎屑矿物是石英、长石和云母。石英是抵抗风化能力很强的矿物，故在陆源碎屑岩中分布甚广，在砂岩、粉砂岩中含量尤高。因石英是最稳定的碎屑矿物，故在砂岩中碎屑石英含量的多少常能反映岩石的矿物成熟度的高低，石英含量多则矿物成熟度高，说明碎屑是经过长距离的搬运、分异而沉积的。长石在碎屑矿物中的含量仅次于石英。在陆源碎屑岩中常见的长石是钾长石、酸性斜长石，中性至基性长石少见。长石主要来自花岗岩和片麻岩中。长石是较不稳定的矿物，故若在岩石中大量出现，则大多是在干燥气候区和快速堆积的条件下形成的。陆源碎屑岩中的云母多为白云母，黑云母较少见，这是在风化过程中白云母比黑云母稳定之故。但在离陆源区近、快速堆积、成分复杂的砂岩中，黑云母也常出现。

岩石碎屑又称岩屑，是母岩破碎后的岩石碎块，它们直接反映母岩的性质。岩屑一般代表了母岩风化不彻底、搬运近、沉积快的特征。若岩石中岩屑含量高，一般可说明岩石的矿物成熟度低。岩屑多分布于较粗的砂岩和砾岩中，细粒的陆源碎屑岩中少见。各种岩石都可呈岩屑出现，但以细晶质或隐晶质的岩屑较常见。

化学胶结物和自生矿物是从溶液中经化学沉淀的物质，这类物质在陆源碎屑岩中多以胶结物的形式存在，对碎屑物质起胶结作用。也有部分只是孤立的分散的矿物晶体，对碎屑物不起胶结作用，这类矿物称为自生矿物。

基质又称杂基或黏土杂基，是充填于碎屑颗粒之间的细粒机械混入物，它们对碎屑物质也起胶结作用，但基质不是化学成因的物质，而是和碎屑物质一起由机械沉积作用形成的。基质包括＜0.03 mm的细粉沙和泥质物质，基质和胶结物可总称为填隙物或广义的胶结物。

2. 陆源碎屑岩的碎屑结构分类

陆源碎屑岩的结构包括三方面的内容：碎屑颗粒自身的特点，胶结物的特点，碎屑与胶结物之间的关系。

（1）碎屑颗粒的结构特征：包括颗粒的大小、分选性、形态和表面特征等（表3–2）。碎屑颗粒的大小称为粒度，以颗粒的直径来计量。碎屑颗粒直径大于2 mm为砾，0.06～2 mm为沙，0.004～0.06 mm为粉沙。碎屑颗粒的形态主要是指颗粒的形

表3-2　碎屑物结构

<table>
<tr><td>非晶质</td><td colspan="5">结晶质（颗粒由小到大）</td></tr>
<tr><td rowspan="3">胶体的
</td><td rowspan="3">隐晶的（显微镜下看为微晶）
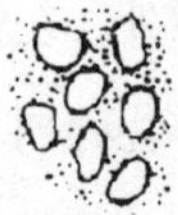</td><td colspan="4">显晶的（胶结物颗粒小于碎屑）
</td><td rowspan="3">连生的（胶结物晶粒大于碎屑颗粒使碎屑散于胶结物晶粒之中）
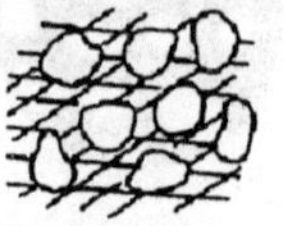</td></tr>
<tr><td rowspan="2">镶嵌状的（胶结物为镶嵌颗粒）
</td><td colspan="3">围绕碎屑生成的</td></tr>
<tr><td>薄膜或带状的
</td><td>次生加大的
</td><td>丛生的及栉壳状
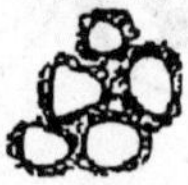</td></tr>
<tr><td colspan="4">均一的</td><td colspan="3">非均一的（凝块状的）</td></tr>
<tr><td colspan="4">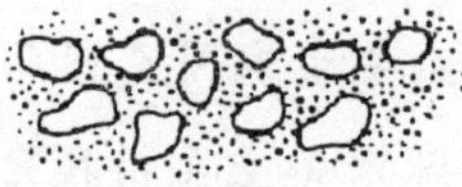</td><td colspan="3">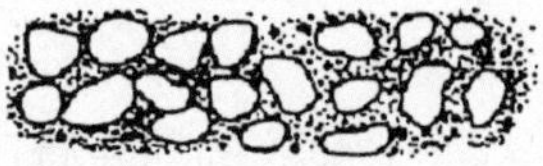</td></tr>
</table>

状和圆度，一般分为棱角状、次棱角状、次圆状和圆状。

棱角状：碎屑颗粒的原始棱角和形状都很明显，棱角尖锐或有磨蚀。

次棱角状：碎屑颗粒的原始棱角和形状明显，棱角稍尖锐或稍有磨蚀。

次圆状：碎屑颗粒尚有较明显的棱角，颗粒的原始形状尚可辨认，棱角磨蚀显著。

圆状：碎屑颗粒的棱角全部磨蚀消失，或仅残留极少的原始棱角的痕迹，颗粒呈椭球状或圆球状，原始形状已难辨认。

（2）**胶结物的特点**：是指胶结物自身的结晶程度、颗粒大小、排列和生长方式等。按结晶程度分为非晶质胶结与晶质胶结两类。

（3）**碎屑与胶结物之间的关系**：是指它们之间的结合关系，即胶结类型。一般可分为4类（图3-12）：**基底式胶结**，碎屑颗粒互不接触，颗粒之间被多于30%的填隙物所充填，填隙物与碎屑大多数是同时沉积形成的；**孔隙式胶结**，碎屑颗粒紧密相接，填隙物充填在粒间孔隙中；接触式胶结，仅在碎屑颗粒的接触处有少量的胶结物，颗粒之间还有空隙存在；溶蚀式胶结，胶结物溶蚀并交代碎屑的边缘，使其成为港湾状。

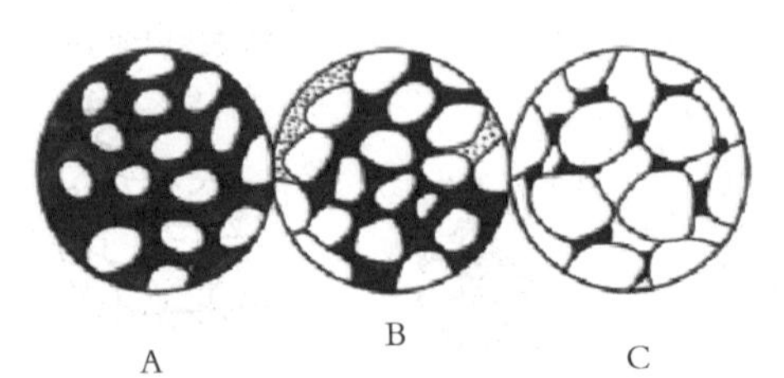

图3-12　胶结类型

A.基底式胶结　B.孔隙式胶结　C.接触式胶结

3. 陆源碎屑岩的分类

根据岩石中碎屑的粒度，陆源碎屑岩可分为3类（图3-13）：粗碎屑岩（砾岩和角砾岩），碎屑直径在2 mm以上；中碎屑岩（砂岩），碎屑直径在0.06～2 mm之间；细碎屑岩（粉砂岩），碎屑直径在0.004～0.06 mm之间。

（1）砾岩：直径大于2 mm的陆源碎屑含量在50%以上的沉积岩称为砾岩。砾石的粒度变化范围很大，常见的是几厘米至几十厘米。由于砾石颗粒粗，故其成分以岩屑为主，砾岩中各种成分和结构的岩屑均可出现，主要决定于母岩区的岩石组成和堆积速度。除岩屑外，在较细的粒级中可有长石、石英等矿物碎屑。砾石之间的孔隙多为沙粒和基质或胶结物充填。砾石的圆度差异也可以很大，从棱角状至圆状均可出现，通常依砾石的圆度可把岩石分为砾岩（主要由次圆至圆状的砾石组成）和角砾岩（主要由棱角状砾石组成）。

（2）砂岩：粒度为0.06～2 mm的陆源碎屑含量在50%以上的沉积岩称为砂岩。砂岩是一种分布很广的岩石，约占沉积岩总量的1/3，仅次于泥质岩而居第二位。

砾岩

砂岩

粉砂岩

图3-13　陆源碎屑岩的分类

砂岩的碎屑成分主要是石英、长石和岩屑三种。在大多数砂岩中，石英都是最主要的碎屑，它是最稳定的组分。长石和岩屑在表生条件下较易破坏，属于较不稳定的组分。由于砂岩的粒度较细，故其中所含的岩屑都是细晶结构或隐晶质结构的岩屑，常见的岩屑有各种喷出岩、板岩、千枚岩、凝灰岩和硅质岩等。这些岩屑一般颜色都较深，多为黑色、深灰色、褐红色、灰绿色等。岩屑的断口致密，光泽较暗淡，在野外鉴定时可根据上述特征将其与石英、长石区分开。砂岩中碎屑的成分和含量，主要取决于母岩的成分和沉积物改造的历史。长石和岩屑能直接反映母岩的性质，长石是花岗质岩石的标志，是结晶基底岩石破坏而来的。沉积岩、喷出岩和浅变质岩的岩屑，均产于地壳浅部，是母岩区切割剥蚀不深的标志。石英是最稳定的组分，来源广泛，其在岩石中的富集程度反映碎屑物质经受改造的程度。沉积物的搬运和沉积的过程，也是不稳定组分不断被淘汰、稳定组分不断富集的过程，因此岩石中石英的含量愈多，则表示碎屑物质经受的改造愈充分，矿物的成熟度愈高。

砂岩中的胶结物常见的有钙质、硅质、铁质等，有时还有海绿石、石膏等。分选性很差的砂岩则含较多的基质，为泥质基质所胶结。砂岩是机械沉积作用的产物，沙粒在流水搬运的过程中又是最活跃的组分，故砂岩中各种层理构造和层面构造都很发育，各种类型的斜层理、交错层理以及平行层理、序粒层理等都极常见，波痕、冲刷痕迹、槽模、沟模和生物扰动构造等也很发育。它们都是砂岩成因和沉积环境分析的重要标志。

（3）粉砂岩： 粉砂岩是0.004~0.06 mm的陆源碎屑占50%以上的沉积岩。粉砂岩的碎屑成分以石英为主，常含数量不定的白云母，长石和岩屑都较少见，填隙物以泥质基质为最多，其次为钙质和铁质胶结物，硅质胶结物极少见，钙质、铁质胶结物常和泥质基质混杂在一起。

粉砂岩多呈薄层状，常具微细的水平层理和微波状层理，这种层理常因颗粒粗细不同而显现。由于粉沙饱含水后易于流动，故包卷层理等变形构造也较常见。粉砂岩因颗粒细小，且含较多量的泥质，故外貌上很像泥质岩。在肉眼下粉砂炭与泥质岩的区别是断口较泥质岩粗糙，不显贝壳状，触之无滑感，不易被水泡软，无可塑性。用较高倍的放大镜观察时，粉砂岩常可见较多的石英、云母等颗粒。此外，粉砂岩常有因颗粒粗细或泥质含量不同而显现的水平纹理或微波状层理，而泥质岩的水平纹理多是因颜色和成分不同而显现的。

三、火山碎屑岩类

火山碎屑岩是火山爆发的碎屑物质从空气中坠落在陆地或水下堆（沉）积固结而成的岩石。典型的火山碎屑岩含火山碎屑物质90%以上；过渡类型的火山碎屑岩含火山碎屑50%以上，并混入一定数量的陆源沉积物或熔岩物质。

1. 火山碎屑物质

火山碎屑物质包括岩屑（带棱角的岩石碎块）、晶屑（矿物晶体碎片）、玻屑（火山玻璃碎屑）、浆屑（火山爆发时被撕裂的熔浆）、火山弹（火山爆发时呈半塑性抛出的熔岩团块）。

2. 火山碎屑岩的结构和构造

根据火山碎屑物质的粒度和含量，火山碎屑岩的结构可分为三类：集块结构，火山碎屑物粒度≥64 mm的占50%以上，并被相应更细的火山碎屑物胶结而成的结构；火山角砾结构，火山碎屑物粒度在2～64 mm之间，其含量在50%以上，并被相应更细的火山碎屑物胶结而成的结构；凝灰结构，火山碎屑物粒度<2 mm，其含量在70 %以上，并被火山尘所胶结。

火山碎屑岩的构造主要有三类：假流纹构造（似流动构造），由颜色不同的经压扁拉长的塑变玻屑和焰舌状塑变岩呈定向排列而成，貌似熔岩中流纹状构造；火山泥球构造（包括火山灰球、火山豆石等构造），主要由较细的中性、酸性火山碎屑物所组成，混有一些陆源物质和硅质凝胶，呈球状、椭球形和扁豆状；层理构造，有平行层理和交错层理。

3. 火山碎屑岩的分类和主要类型

火山碎屑岩的分类一般是以火山碎屑岩的成因为前提，以火山碎屑的粒度、含量、成岩方式等因素作为依据。

从火山碎屑岩类岩石的分类表（表3–3）中看出，根据成因将火山碎屑岩分成3大类，即正常火山碎屑岩类、火山碎屑熔岩类和火山–沉积碎屑岩类；再按火山碎屑物的含量和成岩方式划分出5个亚类，即火山碎屑熔岩、熔结火山碎屑岩、火山碎屑岩、沉积火山碎屑岩和火山碎屑沉积岩；按火山碎屑物的粒度及相应粒度的含量分为3个基本种属，即集块岩（图3–14）、火山角砾岩（图3–15）和凝灰岩。

图3-14　火山集块岩

图3-15　火山角砾岩

表3-3　　火山碎屑岩类岩石的分类

<table>
<tr><td>类</td><td>火山碎屑熔岩类</td><td colspan="2">正常火山碎屑岩类</td><td colspan="2">火山-沉积碎屑岩类</td><td rowspan="4">碎屑粒径（mm）</td></tr>
<tr><td>亚类</td><td>火山碎屑熔岩</td><td>熔结火山碎屑岩</td><td>火山碎屑岩</td><td>沉积火山碎屑岩</td><td>火山碎屑沉积岩</td></tr>
<tr><td>火山碎屑物含量（%）</td><td>10~75</td><td colspan="2">>75</td><td>75~50</td><td><50~25</td></tr>
<tr><td>胶结类型</td><td>熔浆胶结为主</td><td>熔结为主</td><td>压结为主</td><td colspan="2">压结和水化学胶结</td></tr>
<tr><td rowspan="5">基本岩石名称</td><td>集块熔岩</td><td>熔结集块岩</td><td>集块岩</td><td>沉集块岩</td><td>凝灰质巨角砾岩（凝灰质巨砾岩）</td><td>≥64</td></tr>
<tr><td>角砾熔岩</td><td>熔结角砾岩</td><td>火山角砾岩</td><td>沉火山角砾岩</td><td>凝灰质角砾岩（凝灰质砾岩）</td><td><64~2</td></tr>
<tr><td rowspan="3">凝灰熔岩</td><td rowspan="3">熔结凝灰岩</td><td>凝灰岩</td><td rowspan="3">沉凝灰岩</td><td>凝灰质砂岩</td><td><2~0.05</td></tr>
<tr><td rowspan="2">细火山灰凝灰岩（火山尘凝灰岩）</td><td>凝灰质粉砂岩</td><td><0.05~0.005</td></tr>
<tr><td>凝灰质泥岩
凝灰质页岩</td><td><0.005</td></tr>
</table>

四、黏土岩类

黏土岩主要由直径小于0.006 mm的黏土质颗粒组成，并含大量黏土矿物的疏松状或固结的岩石。它是机械沉积的碎屑岩和化学沉积的化学岩之间过渡类型的岩石，是沉积岩中分布最广的一类岩石（图3-16）。

图3-16 黏土岩

1. 黏土岩的矿物成分

黏土岩的矿物成分以黏土矿物为主，其次为陆源碎屑矿物、自生非黏土矿物和有机质等。黏土岩中分布最广的是高岭石、伊利石和蒙脱石。

2. 黏土岩的结构和构造

黏土岩的结构根据黏土矿物集合体的形状主要有4种：胶状结构，岩石由凝胶老化形成，可见脱水形成的裂隙、贝壳状纹和球粒；豆状结构，豆粒由黏土矿物组成，直径大于2 mm，豆粒无核心和同心层结构；鲕粒结构，鲕粒由黏土矿物组成，直径小于2 mm，多具有核心和同心层结构；砾状或角砾状结构，由黏土质沉积物受侵蚀而产生的碎屑（称同生碎屑或内碎屑，或叫泥砾）再沉积，又被黏土质胶结而成。

黏土岩最常见的构造是层状构造，波痕、泥裂、虫迹、结核、水底滑坡等构造也常可见到。

3. 黏土岩的分类

按黏土岩中混入的沙或粉沙物质的数量可分为黏土岩、含粉沙黏土岩、粉沙质黏土岩、含沙黏土岩及沙质黏土岩。按固结程度可分为黏土、泥岩和页岩。

五、碳酸盐岩类

碳酸盐岩是以钙、镁碳酸盐矿物为主组成的沉积岩，主要的岩石类型为石灰岩和白云岩。

1. 矿物成分特征

组成碳酸盐岩的矿物成分，可以分为三类，即碳酸盐矿物、陆源矿物和非碳酸盐的自生矿物。碳酸盐矿物主要是方解石和白云石，在较少的情况下可有文石、铁白云石和菱铁矿等。通常在碳酸盐岩中都有或多或少的陆源物质存在，它们主要是石英、长石、云母和黏土矿物。这些矿物除有时为较粗粒石英、长石碎屑外，一般在肉眼观察中很难看到，因为它们的颗粒都很细小，且含量也不多。非碳酸盐的自生矿物常见的有氧化铁、海绿石、黄铁矿、白铁矿、石英、玉髓、石膏、硬石膏、天青石、重晶石、磷灰石、萤石和石盐等，有时还有一些有机质，在岩石中的含量一般也不多。

2. 碳酸盐岩的结构

碳酸盐岩的主要结构有三类：晶粒结构（结晶结构），由结晶的碳酸盐矿物颗粒组成的结构，根据颗粒大小可分出砾晶、砂晶、粉晶、泥晶等结构类型；生物结构，由原地生长的造礁生物，如珊瑚、海绵、苔鲜虫、层孔虫及藻类等形成的礁灰岩所具有的结构；碎屑结构，由流水和波浪而产生的机械搬运和沉积作用所形成的石灰岩和白云岩常具有与陆源碎屑岩石类似的结构，又称粒屑结构。

3. 碳酸盐岩的主要岩石类型

（1）石灰岩：灰色、灰白色晶粒结构等（图3-17）。又可具体分为碎屑灰岩、鲕粒灰岩、生物碎屑灰岩、微晶灰岩、泥晶灰岩等，还可根据其他矿物含量分为白云质灰岩、泥质灰岩等。

（2）白云岩：浅黄色、浅黄灰色，可分为同生白云岩、成岩白云岩、后生白云岩。

（3）泥灰岩：是石灰岩和黏土岩之间的一种过渡类型。

白云岩

石灰岩

泥灰岩

图3-17 碳酸盐岩的主要岩石类型

六、其他沉积岩类

这类岩石，大部分是由各种母岩经强烈的化学风化所形成的真溶液或胶体溶液，搬运至水盆地中，通过化学作用或生物化学作用沉淀而形成的岩石。按岩石的成分、成因及化学分异的顺序可分为铝质岩、铁质岩、锰质岩、硅质岩（有硅藻土、碧玉岩、燧石岩等）、磷质岩、蒸发岩和可燃有机岩等。

Part 4

变质岩揭因

在岩石基本上处于固体状态下，受到温度、压力及化学活动性流体的作用，发生矿物成分、化学成分、岩石结构与构造变化的地质作用，称为变质作用。变质岩是早先已形成的岩石遭受变质作用的产物，其化学成分既与原岩有密切关系，又和变质作用的特点有关。

变质作用

地球上已形成的岩石（*岩浆岩、沉积岩、变质岩*），随着地壳的不断演化，其所处的地质环境也在不断改变，为了适应新的地质环境和物理—化学条件的变化，它们的矿物成分、结构、构造就会发生一系列改变。在岩石基本上处于固体状态下，受到温度、压力及化学活动性流体的作用，发生矿物成分、化学成分、岩石结构与构造变化的地质作用，称为变质作用。

一、变质作用的因素

引起变质作用的主要因素是温度、压力及化学活动性流体。

温度往往是引起岩石变质的主导因素。它可以提供变质作用所需要的能量，使岩石中矿物的原子、离子或分子具有较强的活动性，促使一系列的化学反应和结晶作用得以进行；温度增高还可使矿物的溶解度加大，使更多的矿物成分进入岩石空隙中的流体内，增强了流体的渗透性、扩散性及化学活动性，促进了变质作用的过程。变质作用的温度范围可由150℃～200℃直到700℃～900℃。

压力也是变质作用的重要因素，根据压力的性质可分为静压力和动压力。静压力又称围压，是由上覆岩石的重量引起的压力。它具有均向性，并且随着深度增加而增大。静压力的作用在于使岩石压缩，导致矿物中原子、分子或离子间的距离缩小，促使矿物内部结构改变，形成密度大、体积小的新矿物。动压力是由构造运动所产生的定向压力。动压力只存在于一定的方向上，使得岩石在不同方向上产生了压力差，这种压力差在变质作用中有着十分重要的意义。它可以引起矿物的压溶作用，即在平行动压力方向上溶解较强、物质迁移到垂直动压力方向上沉淀，导致原岩发生矿物的重新分异与聚集，造成矿物定向排列；也可以使原岩破碎或产生变形，从而改造了原岩的结构与构造。

化学活动性流体是指在变质作用过程存在于岩石空隙中的一种具有很大挥发性和活动性的流体。化学活动性流体可以促使矿物组分的溶解和迁移，引起原岩物质成分的变化；这种流体作为固体与固体之间发生化学反应的媒介具有极重要的意义，因为固体之间的化学反应涉及物质组分的交换，如果没有流体媒介，这种反应是极其缓慢的；流体本身也积极参与了变质作用的各种化学反应；流体的存在还会大大降低岩石的重熔温度，使变质作用的高温界限变低。

必须指出，上述各种变质作用因素常常是互相配合、共同改造岩石的，在不同的情况下起主要作用的因素会有所不同，因而变质作用也相应地显示出不同的特征。

二、变质作用的方式

在温度、压力及化学活动性流体的作用下，原岩可发生物质成分和结构、构造的变化。这一变化是如何得以完成的呢？了解变质作用的方式有助于我们了解变质作用的过程。变质作用的方式极其复杂多样，其主要的方式有以下几种：

重结晶作用：指原岩中的同种矿物基本上在固体状态下，通过溶解、迁移、再次沉淀结晶的作用。

变质结晶作用：指原岩基本在固态情况下，通过一些特定的化学反应（又称变质反应）形成新矿物的作用。

变形及破碎作用：塑性岩石在应力的长期作用下，就会发生变形和褶皱，同时，还将伴随着矿物的机械转动和垂直压应力方向的重结晶作用，使片状、柱状矿物成定向排列，从而形成片理构造，出现矿物弯曲、岩石破碎现象等。

变质分异作用：指矿物成分及结构构造都比较均匀的岩石，在不发生重熔交代作用的情况下，形成矿物成分和结构构造不均匀的变质岩的变质作用。

交代作用：指岩石的物质组分发生带出和带入的复杂置换过程。它可改变原岩的化学成分，分解原有矿物，形成新的矿物，是在有溶液参与的固态下进行的。又可分为渗透交代作用和扩散交代作用两种。

三、变质作用的类型

变质作用发生的地质条件是极其复杂多样的，一般根据变质作用发生的地质背景和物理、化学条件，分为以下几种主要类型（图4-1）。

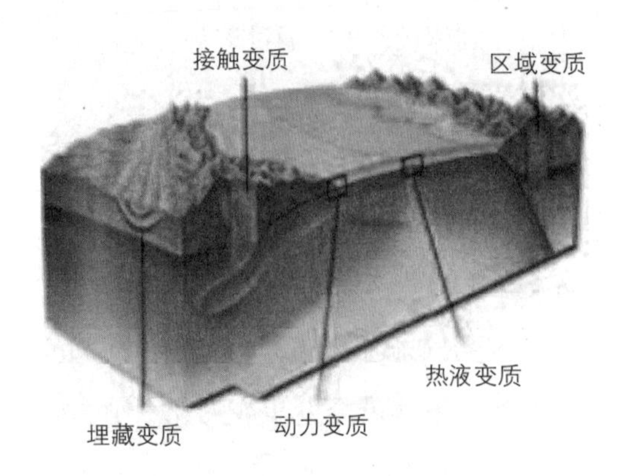

图4-1　变质作用类型

1. 接触变质作用

发生在岩浆岩（主要是侵入岩）与围岩之间的接触带上，并主要由温度和挥发性物质所引起的变质作用称为接触变质作用。按照引起接触变质的主导因素，接触变质作用又可分为接触热变质作用和接触交代变质作用。

2. 区域变质作用

它是在大面积内发生的区域性的变质作用，是地壳活动带伴随强烈造山运动所发生的一种变质作用。影响区域变质作用的因素是最复杂的，温度、压力和具化学活动性的流体都起着重要的作用。区域变质作用形成的岩石一般都被强烈变形或片理化，它们主要分布于古老的结晶基底和造山带中，常与混合岩化作用相伴生。

3. 动力变质作用

又称为碎裂变质作用，是在构造运动产生的定向压力的作用下，主要使岩石发生破碎的一种变质作用。动力变质作用形成的岩石一般分布于断层和破碎带附近，岩石除主要产生变形、破碎外还常有轻微的重结晶现象。

4. 混合岩化作用

这是在区域变质作用的基础上，由地壳内部热流升高而产生的深部热流和局部重熔熔浆渗透、交代、贯入于变质岩中并形成混合岩的一种变质作用。混合岩化作用实际上是区域变质作用进一步深化的结果，故它常与区域变质作用伴生。应当指出，区域变质作用过程中不一定都发育混合岩化作用。

5.气液变质作用

具有化学活动性的热水溶液和气体对岩石进行交代而使岩石发生变质的一种作用称为气液变质作用。这种变质作用的主要因素为化学活动性流体，其次为温度。使岩石变质的气体和热水溶液可来自岩浆的挥发分，也可来自地壳内与岩浆无关的区域性分布的热水，变质前后原岩的化学成分发生明显的变化。

变质岩特征

一、变质岩的物质成分

1. 变质岩的化学成分

变质岩是早先已形成的岩石（*岩浆岩、沉积岩*）遭受变质作用的产物，因此，其化学成分既与原岩有密切关系，又和变质作用的特点有关。对于没有发生交代作用的变质岩，其化学成分主要取决于原来岩石的成分。当变质过程中有交代作用进行时，由于有组分的带入或带出，所以与原岩相比较，变质岩的化学成分发生了很大的变化。

变质岩的化学成分主要有SiO_2、$A1_2O_3$、Fe_2O_3、FeO、MnO、MgO、CaO、K_2O、Na_2O、H_2O、CO_2以及TiO_2、P_2O_5等。与岩浆岩一样，变质岩的化学成分仍以上述氧化物的重量百分数来表示。

不同的变质岩，其化学成分差别较大。一般地说，正变质岩（*原岩为岩浆岩*）的化学成分的变化范围较小，副变质岩（*原岩为沉积岩*）的化学成分的变化范围则很大。研究变质岩的化学成分可以帮助了解原岩的类型、变质作用和交代作用的特点，对于研究变质岩地区地层的划分和对比以及变质岩矿床的形成有着重要的意义。

在变质岩分类的研究方面，除具有明显交代作用的变质岩外，多数学者都很重视等化学系列和等物理系列原则的应用。等化学系列是指具有同一原始化学成分的所有岩石。这些岩石中的矿物共生组合的不同是由变质作用的类型和强度不同决定的。一般将变质岩划分为五个等化学系列，即长英质系列、富铝系列、碳酸盐系列、基性系列、超基性系列。等物理系列是指在同一变质条件下（*温度、压力范围相同*）形成的所有岩石。这些岩石中的矿物共生组合的不同，是由原有岩石的化学成分决定的。

2. 变质岩的矿物成分

变质岩的矿物成分既决定于原岩的化学成分，也和形成时的物理化学条件密切相关。原岩的化学成分是形成变质岩的物质基础，而物理、化学条件则是变质岩出现什么矿物或矿物组合的决定条件。变质岩矿物成分的一般特征比起岩浆岩、沉积岩来要复杂得多，而且有极大的差别。三大类岩石中常见的造岩矿物的分布情况归纳见表4-1。

从表中可以看出变质岩矿物具有以下特征：变质岩中出现一些岩浆岩、沉积岩中不出现的特征变质矿物，如红柱石、堇青石、十字石、夕线石、蓝晶石、硅灰石等；变质岩中广泛发育纤维状、鳞片状、长柱状、针状矿物，如夕线石、绢云母、透闪石等；变质岩中常出现比重大、分子体积小的矿物，如石榴子石。

变质岩中出现何种矿物主要受原岩的化学成分和变质条件两方面因素的控制。原岩的成分是变质岩的物质基础，所以原岩的化学成分决定了变质岩可能出现何种矿物。如原岩为硅质石灰岩，其化学成分主要是CaO、CO_2、SiO_2，经变质后形成的大理岩可能有方解石、石英和硅灰石，而绝不会出现红柱石一类含铝高的硅酸盐矿物。

表4-1　三大类岩石矿物成分特征

岩浆岩、沉积岩、变质岩中均可出现的矿物	主要在岩浆岩中出现的矿物	主要在变质岩中出现的矿物	主要见于沉积岩中的矿物
石英	鳞石英	钠云母	蛋白石
钾长石	白榴石	帘石类	玉髓
白云母、金云母	歪长石	符山石、方柱石	黏土矿物
黑云母	黄长石	透闪石、阳起石	水铝石
斜长石类	方钠石	硅灰石	盐类矿物
角闪石类	蓝方石	蓝闪石	煤
辉石类	黝方石	软玉、硬玉	海绿石
部分石榴子石	玄武角闪石	硬绿泥石	
橄榄石类		红柱石、蓝晶石	
碳酸盐矿物		夕线石、刚玉	
磁铁矿		堇青石、十字石	
赤铁矿		硅镁石、方镁石	
菱铁矿		蛇纹石、滑石	
磷灰石		石墨等	
榍石			
锆石			
金红石			

——地学知识窗——

变质相

变质作用过程中，在一定的温度和压力范围内，不同原岩中同时形成的各种矿物共生组合，组成一个变质相。每一个变质相可包括几个化学成分不同的原岩所形成的变质矿物组合，各个矿物组合与各自原岩的总化学成分之间有着一定的对应关系。根据形成时温度和压力条件的不同，可将所有的变质矿物组合划分为若干个变质相。不同的变质相往往以代表性的矿物组合或相当于该矿物组合的特征性岩石来命名，如辉石角岩相、蓝闪石—硬柱石片岩相、绿片岩相、角闪岩相、麻粒岩相等等。研究一个变质地区内每一个变质相的特点，能确定这一地区变质作用的温度、压力范围及其变化关系。

至于具体出现何种矿物，还需取决于变质条件，即温度、压力等。如硅质石灰岩经热接触变质后，当压力为1 atm时，若温度低于470℃，形成方解石、石英，若温度大于470℃，则会形成方解石、硅灰石或者石英、硅灰石。

二、变质岩的结构

变质岩的结构是指构成岩石各矿物颗粒的大小、形状及它们之间的相互关系。变质岩的结构和构造可以具有继承性，既可保留原岩的部分结构、构造，也可以在不同变质作用下形成新的结构、构造。变质岩的结构，根据成因可分为四大类：

1. 变余结构

由于变质重结晶作用进行得不完全，原来岩石的矿物成分和结构特征被部分地保留下来，这样形成的结构称为变余结构。变余结构常见于变质程度较浅的岩中，但在较深的变质岩中，当P、T分布不均匀时也可出现变余结构。变余结构是恢复原岩的重要证据。此外，变余结构的形成还与原岩性质有一定的关系，一般地说，原岩的粒度愈粗，矿物成分愈稳定，愈易形成变余结构。

2. 变晶结构

变晶结构是岩石在固态条件下由重结晶和变质结晶作用形成的结构（图4-2）。它与岩浆由融熔的熔体中结晶的条件不同，故变晶结构在外貌上虽然与岩浆岩的结晶结构相似，却有它自己的许多不同的特点：变晶结构的各矿物颗粒几乎是同时生长的，变斑晶与变基质同时甚至稍晚一些形成，这与岩浆岩的斑状结构显然不同；变晶矿物中常含有较多的包体，特别是变斑晶中更是如此；变晶结构中矿物的自形程度并不表示结晶的先后顺序，而是代表矿物结晶能力的大小。根据变质岩中矿物自形程度的高低而排列的顺序称为变晶系。在区域变质作用条件下，不同成分的原岩有不同的变晶系，但主要的趋势大致相似，其顺序大体上是榍石、金红石、石榴石、电气石、十字石、蓝晶石、红柱石、绿帘石、辉石、角闪石、磁铁矿、石英、斜长石、正长石、方解石。

3. 交代结构

在变质作用中，化学性质活泼的流体相的作用导致物质成分的带入和带出，使原有矿物被溶解的同时被新生矿物所代替，这样形成的结构称为交代结构。主要有交代蚕蚀及交代残留结构、交代蠕虫结构、交代净边结构等。

4. 碎裂结构

由动力变质作用使岩石发生机械破碎而形成的结构。主要出现在动力变质岩中，主要有碎斑结构、糜棱结构、压碎结构等。

——地学知识窗——

糜棱结构

糜棱结构是动力变质岩石的一种结构。其特征是，在强烈的应力作用下，岩石全部被压碎成极细的矿物碎屑和粉末，常有少量绢云母、绿泥石等新生矿物，一般具有类似流纹的条带状构造，有时可有少量较大的透镜状矿物碎屑（为石英、长石等）。

片状变晶结构

镶嵌粒状变晶结构

变余斑状结构

图4-2　变晶结构

三、变质岩的构造

变质岩的构造是指岩石中各组分在空间上的排列、分布方式。变质岩的构造可分成两类，即变余构造和变成构造。

1. 变余构造

岩石经变质后仍保留有原岩部分的构造特征，这种构造称为变余构造。变余构造是恢复原岩的重要依据。正变质岩常见的变余构造有变余气孔构造、变余杏仁构造、变余流纹构造，副变质岩常见的变余构造有变余层理构造、变余波痕构造、变余雨痕构造、变余泥裂构造。

2. 变成构造

变成构造是由变质结晶和重结晶作用形成的变质岩石构造，是指岩石中各种矿物或矿物集合体的空间分布和排列状态等特征。

（1）斑点状构造：岩石中由于某些组分的聚集构成小的斑点，斑点常为碳质、硅质、铁质或堇青石、红柱石等矿物的雏晶聚集而成，随着温度的升高，这些斑点可以加大成为变斑晶。

（2）板状构造：为一般泥质或硅质岩受应力后产生的一组平行破裂面，使岩石呈板状剥离，板状劈理常与原始层理斜交。岩石可伴有轻微的重结晶，但肉眼分不出矿物颗粒，表面光滑平整。

（3）千枚状构造：岩石中各组分已基本重结晶，而且矿物已初步有定向排列，但结晶程度较弱而使得肉眼尚不能分辨矿物，仅在岩石的自然破裂面上见有强烈的丝绢光泽。岩石发育小的褶皱和挠曲，在手标本上有时明显可见。

（4）片状构造：这是变质岩最常见、最典型的构造，其特点是岩石所含大量片状和粒状矿物都呈平行排列，它是岩石组分在定向压力下产生变形、转动或受应力溶解、再结晶而成的（图4-3）。

（5）片麻状构造：岩石具显晶质变晶结构，以粒状矿物为主，片状或粒状矿物定向排列，但因数量不多而使得彼此不连接，被粒状矿物（长

图4-3 片状构造

石、石英）所隔开。

（6）条带状构造：岩石中成分、颜色或粒度不同的矿物分别集中形成平行相间的条带即为条带状构造。

变质岩主要类型

根据变质作用发生的地质环境的差异，即变质作用类型的不同，一般可将变质岩石分为四类：接触变质岩类、气成热液变质岩类（蚀变岩类）、动力变质岩类（破碎岩类）和区域变质岩类。

一、接触变质岩类

接触变质岩类是由接触变质作用形成的岩石，主要分布在岩浆侵入体与围岩的接触带附近，主要岩石有矽卡岩、斑点板岩、云母角岩、大理岩、石英岩、基性角岩等。其中，矽卡岩是最具代表性的接触变质岩石。矽卡岩一般为暗绿色、暗红色，少数呈浅灰色；具有典型的不等粒变晶结构、纤维变晶结构、斑状变晶结构及包含变晶结构；矿物晶形一般完好，颗粒粗大，有时呈细粒状或致密状。岩石多为块状、角砾状、斑杂状、条带状等构造，含较多的石榴子石和金属矿物，比重大。矽卡岩可分为钙夕卡岩和镁夕卡岩两类。矽卡岩主要产于中酸性侵入体与碳酸盐岩（石灰岩、白云岩等）的接触带中。

——地学知识窗——

矽卡岩

主要在中酸性侵入岩与碳酸盐岩（石灰岩、白云岩等）或中基性火山岩的接触带，在热接触变质作用的基础上、高温汽化热液影响下，经接触交代作用所形成的一种变质岩石。

二、气成热液变质岩类（蚀变岩类）

气成热液变质岩是由气成热液变质作用形成的岩石。它主要受原岩成分及气成热液的性质、交代作用的方式两方面因素的控制。这类岩石可划分成很多类型，一般常见的有蛇纹岩、云英岩、青盘岩、次生石英岩等，其中蛇纹岩和云英岩较多见。

1. 蛇纹岩

该岩石呈黄绿至暗绿色，含磁铁矿、铬铁矿时呈黑色，含褐铁矿时呈红褐色，有时由于色调深浅不一，形成斑驳状花纹，很像蛇皮，故名蛇纹岩（图4-4）。呈致密块状，质地较软，略具滑感。矿物成分主要由各种蛇纹石组成，由超基性岩浆岩经热液蚀变作用形成。

2. 云英岩

浅灰、灰绿、浅粉红色等。具中粗粒花岗变晶结构、鳞片花岗变晶结构及交代结构，块状构造（图4-5）。矿物成分主要由云母和石英组成，是花岗岩类岩石在高温气水热液作用下，经交代蚀变而形成的。

图4-4　蛇纹岩

图4-5　云英岩

三、动力变质岩类

动力变质岩是由动力变质作用形成的岩石。根据结构构造特征、原岩特点及所受应力的性质等，一般可分为构造角砾岩、碎裂岩、糜棱岩、玻状岩（假熔岩）等。

1. 构造角砾岩

这是由构造运动（主要是断裂运动）使岩石发生破碎而形成的一种角砾状岩石（图4-6）。岩石由大小不等的角砾和成分与之相同的细碎屑或次生的铁质物质等所胶结。根据形成时的应力性质不同，可分为由张应力形成的张性角砾岩和由压应力形成的压扁角砾岩。

2. 碎裂岩

这是一种受强烈压碎、破碎程度超过构造角砾岩的岩石。其特点是具碎裂结构或碎斑结构。裂隙间常为磨碎物质或次生铁质、硅质、碳酸盐所充填。

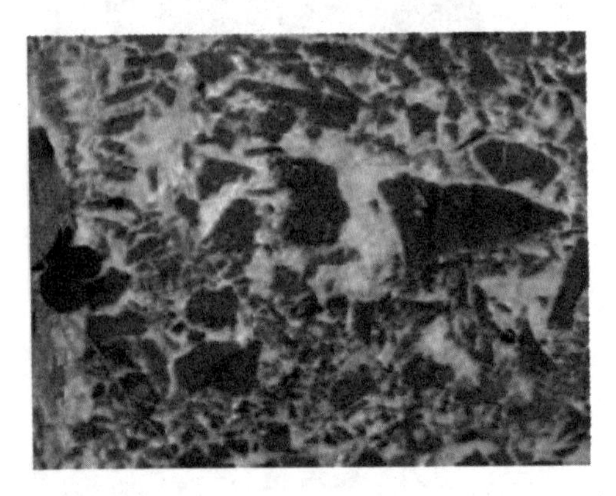

图4-6 构造角砾岩

四、区域变质岩类

区域变质岩是由区域变质作用所形成的岩石。区域变质岩大多数为结晶质岩石，其中以结晶片岩为主，在多数情况下，岩石中的矿物呈定向排列，形成明显的片理和片麻理。区域变质岩蕴藏着大量金属、非金属矿产，如铁、铜、金、铀、磷、硼、菱镁矿、石墨、石棉等，这些矿产有时可形成规模巨大的工业矿床。一般将区域变质岩划分为板岩、千枚岩、片岩、片麻岩、角闪岩、变粒岩、麻粒岩、榴辉岩、大理岩、石英岩等基本岩石类型。

1. 板岩

颜色常为浅灰色、绿灰色，含三价铁时呈红色，含二价铁时呈绿色，含碳质时呈黑色。重结晶及变质结晶作用都很微弱，故新生矿物很少。结构常为隐晶质致密状。矿物成分除原岩中仍保留的黏土矿物外，可见少量的绢云母、绿泥石等新生矿物。板状构造是板岩的重要特征，板理面光滑并略具光泽（图4-7）。按颜色和所含成分等可分为灰绿色板岩、钙质板岩等。板岩是由泥质、粉砂质、中酸性凝灰质岩石经低级区域变质作用而形成的。

2. 千枚岩

颜色常为黄褐色、灰绿色。具明显的丝绢光泽，破裂面较板岩薄，面上常有皱纹状的波状起伏（图4-8）。变质程度比板岩高，所以原岩已基本上全部重结晶及重组合，形成绢云母、绿泥石、石英、钠长石、黑云母、硬绿泥石等新生矿物。绢云母及绿泥石等矿物的定向排列，形成岩石的千枚状构造。按颜色和矿物成分等可分为黄色绢云母千枚岩、灰绿色绿泥千枚岩等。千枚岩也是泥质、粉沙质、中酸性凝灰质岩石经低级区域变质作用而形成的。

3. 片岩

这是一种具片理构造、富含片状或柱状矿物的岩石。片理构造由片状和柱状矿物定向排列而成（图4-9）。常见的片状、柱状矿物有云母、绿泥石、滑石、角闪石、阳起石等，其含量一般在30%以上。粒状矿物主要为石英和长石。片岩变质程度比板岩和千枚岩高，所以结晶颗粒较粗。一般为鳞片变晶结构或纤维变晶结构，有时具斑状变晶结构。按主要片状或柱状矿物的不同可分为云母片岩、滑石片岩、绿泥片岩、夕线石榴片岩等。

图4-7　板岩

图4-8　千枚岩

图4-9　片岩

4. 片麻岩

这是一种具片麻状构造，矿物成分主要由石英、长石及一定量的片状、柱状矿物组成的岩石，还经常含少量的夕线石、蓝晶石、石榴子石、堇青石等特征变质矿物（图4-10）。片麻岩的变质程度比片岩高，因此结晶颗粒比片岩粗，常为中粗粒花岗变晶结构。根据所含片状、柱状矿物的不同可分为云母片麻岩、角闪片麻岩、辉石片麻岩等。

5. 变粒岩

这是一种片理、片麻理不发育，具细粒、等粒变晶结构的岩石（图4-11）。矿物成分以石英、长石等浅色矿物为主（一般含量> 70%），暗色矿物黑云母、角闪石、电气石、石榴子石等含量一般<30%。一般为块状构造，有时具片理或片麻理。变粒岩是由粉沙岩、硅质页岩、泥质较多的沙岩或成分与之相近的凝灰岩，经中级区域变质作用的产物。

图4-10　片麻岩

图4-11　变粒岩

6. 斜长角闪岩

主要由角闪石和斜长石组成的岩石（图4-12），含少量石榴子石、黑云母、辉石、石英等。颜色一般较暗，细粒至粗粒变晶结构。块状构造，有时具片理构造、片麻状构造及条带状构造等。

斜长角闪岩主要由基性岩、泥质灰岩、钙质页岩等在中高级变质条件下形成。

7. 麻粒岩

麻粒岩是一种颗粒较粗、变质程度很深的岩石（图4-13）。一般为中粗粒、等粒或不等粒变晶结构，有时为斑状变晶结构、交代结构等。矿物成分以含紫苏辉石和透辉石为特征，浅色矿物为斜长石、钾长石和石英。根据暗色矿物与浅色矿物含量不同，麻粒岩可分为辉石麻粒岩、长英麻粒岩等。

图4-12　斜长角闪岩

图4-13　麻粒岩

麻粒岩是各种熔岩、凝灰岩及含铁镁钙质较高的沉积岩在高级区域变质作用条件下形成的。

8. 榴辉岩

一种主要由辉石和石榴子石组成的变质程度很深的岩石（图4-14）。一般为中粗粒、不等粒变晶结构，块状构造，有时呈斑杂状或片麻状构造。比重大，一般可达3.6～3.9。一般认为榴辉岩由基性至超基性岩浆岩变质而成。

图4-14　榴辉岩

Part 5 我们身边的岩石

岩石就在我们身边，它已经深入我们的生活。岩石构成了诸多风景秀丽、景色奇特、璀璨夺目的风景区的物质基础;岩石中蕴藏着大量矿产，很多岩石和矿产有密不可分的伴生关系，有的岩石本身就是矿产资源；岩石哺育了人类文明，人类的历史首先就是制造和使用石器工具开始的；岩石可满足人们精神文化的需求，并形成了特有的石文化。

国粹之石

玉石一般泛指美丽的石头。天然玉石是指由自然界产出的，具有美观、耐久、稀少性和工艺价值的矿物集合体，少数为非晶质体。玉石琢磨后，可显示出抛光面细腻、柔和、有油脂感等特色，玉石均具有美丽、稀缺和耐久3个特性。

广义上的玉泛指美丽的石头，包括翡翠、和田玉、岫岩玉、独山玉、玛瑙、绿松石、青金石、孔雀石等。

一、玉石文化

我国是世界上用玉时间最早、最悠久的国家，素有“玉石之国”的美誉。

玉文化的发展可以说是中国几千年文明史的一个缩影。据考古证明，我国制造和使用玉器的历史源远流长（图5-1）。自新石器时代以来，玉器作为一种重要的物质文化遗物，不仅在中华大地上有着广泛的分布，而且在各个历史时期扮演着不

图5-1　红山文化中的玉龙

——地学知识窗——

莫氏硬度

常用的测定矿物刻画硬度的一套标准矿物，由10种不同硬度的矿物组成，相应地将硬度由低到高分为10级：滑石1（硬度最小），石膏2，方解石3，萤石4，磷灰石5，正长石6，石英7，黄玉8，刚玉9，金刚石10。硬度值并非绝对硬度值，而是按硬度的顺序表示的值。1812年由德国矿物学家莫斯首先提出。

同的角色，同时在社会生产和社会生活的各个方面发挥着重要作用，从而在中华文明史上形成了经久不衰的玉文化。

古往今来，关于玉的诗词数不胜数。例如玉女、玉色、玉貌、玉体、玉人等都用来形容美女或其某一特征，玉楼、玉虚、玉京等用来形容古代仙宫或者皇帝居住之地等等。

二、玉石分类

玉分为软玉和硬玉。其软硬之分以玉石的莫氏硬度来分别，软玉的硬度为5.6~6.5，硬玉的硬度为6.5~7。通俗地讲就是翡翠为硬玉，其余的玉石一般均为软玉。

根据玉石的矿物组成成分还可分为以下几类：大理岩类、石英岩类、透闪石类、蛇纹岩类、长石类、辉石类等。

三、主要玉石

1. 和田玉

和田玉古名昆仑玉，属于软玉的一种，分布于新疆莎车至喀什库尔干、和田至于阗、且末县绵延1 500 km的昆仑山北坡。和田玉是一种由微晶体集合体构成的单矿物岩，含极少的杂质矿物，主要成分为透闪石。现代意义上的和田玉是有透闪石成分较高的玉石的统称，不再是以所产地域命名。狭义上的和田玉仅指新疆和田玉。

和田玉是闪石类中某些（如透闪石、阳起石等矿物）具有宝石价值的硅酸盐矿物组成的集合体，化学成分是含水的钙镁硅酸盐。它是由细小的闪石矿物晶体呈纤维状交织在一起构成致密状集合体，质地细腻，韧性好，主要产自中国新疆和田地区（图5-2）。2003年，和田玉被定为“中国国玉”。

和田玉的主要颜色有白、糖白、青白、黄、糖、碧、青、墨、烟青、翠青、青花等，硬度为6~6.5，相对密度为2.90~3.10，光泽一般以蜡状油脂光泽为主，透明至半透明、不透明,折射率用点测法常为1.60~1.61。

2. 蛇纹岩玉

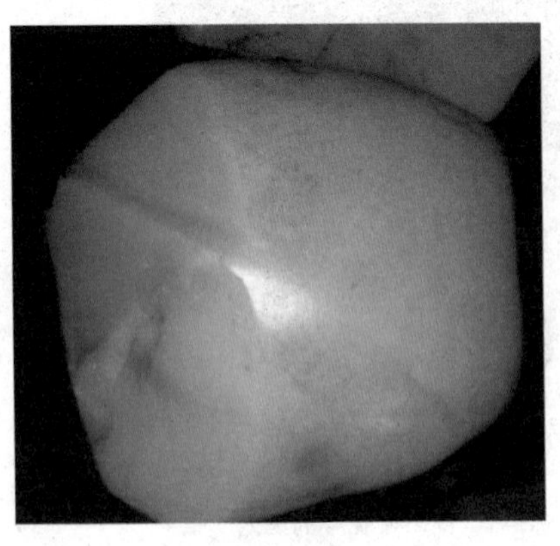

图5-2 和田玉原料

蛇纹岩玉是我国历史最悠久、产量最大、产地最多、应用最广泛的玉石品种。其主要组成矿物是蛇纹石。其常见颜色有深绿色、墨绿色、绿色、黄绿色、灰黄色及多种颜色聚集的杂色。蛇纹石玉的产地非常多，不同产地的蛇纹石玉的矿物组合不太相同，表现在颜色等特征上也不太相同，其中最为有名的就是辽宁岫岩所产的岫玉（图5-3），还有甘肃祁连山地区的酒泉玉、广东信宜县的信宜玉、山东泰安的泰山玉。

图5-3　岫玉雕件

3. 独山玉

独山玉又名南阳玉。因产于河南省南阳市的独山而得名。独山玉色泽鲜艳，质地细腻，透明度和光泽好，硬度高。有绿、蓝、黄、紫、红、白六种色素，77个色彩类型，是工艺美术雕件的重要玉石原料（图5-4）。

独山玉是以硅酸钙铝为主的含有多种矿物元素的黝帘石化斜长岩。硬度为6~6.5，比重为3.29。矿物成分主要为基性斜长石(拉长石—培长石—钙长石)、黝帘石、翠绿色铬云母、辉石，少量橄榄石、角闪石、黑云母，可有微量钾长石、石英出现。独山玉化学成分属钙铝硅酸盐岩类，SiO_2为41%~45%;Al_2O_3为30%~34%;CaO为18%~20%。含有微量的铜、铬、镍、钛、钒、锰等。

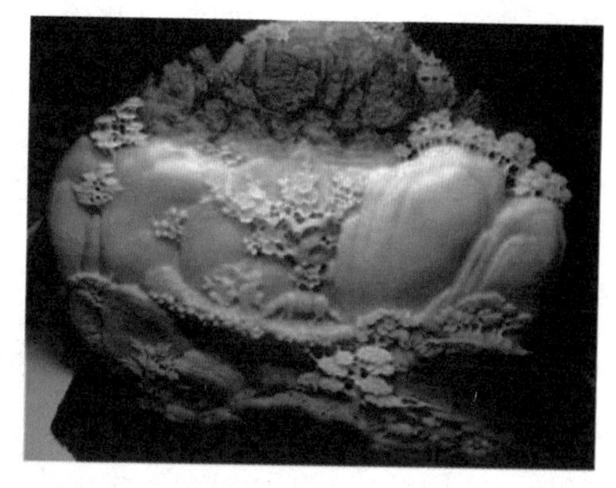

图5-4　独山玉雕件

文化之石

一、印章石

印章石又称印石，顾名思义即适于刻制印章的玉石，是以叶蜡石为主组成的一种石料，质地密软，用于雕刻印章和艺术品。 它主要由黏土矿物组成，色彩瑰丽，石质细腻滋润、柔而易攻，适于刀刻。

印章石在我国玉石文化中占有一个很特别且很重要的席位，自古就与社会文化及政治结下了不解之缘。历代文人墨客、画师笔匠、商贾官吏，无不以特制的印章留下印记，来表达或证明物之所属或认可的意愿；象征皇权的玉玺，更是皇帝验明正身的宝物，万万遗失不得。其中很多印章即是由上述印章石所制。

中国四大印章石分别为福建寿山石、浙江青田石、浙江昌化石和内蒙古巴林石。

1. 寿山石

寿山石为中国印章石之冠，因产于福建福州北郊寿山乡而得名（图5-5）。其主要成分为叶蜡石，含少量各种金属元素杂质。寿山石属火山热液交代（充填）型叶蜡石矿床。根据地质研究，距今 1.4亿万年的侏罗纪，火山喷发形成火

——地学知识窗——

叶蜡石

叶蜡石成分为$Al_2(Si_4O_{10})(OH)_2$，常含镁。单斜晶系。通常呈片状、放射状或隐晶质致密块状集合体。灰白色，有时带黄、绿、褐、红等色。玻璃光泽，致密块体呈蜡状光泽。硬度1~2。解理平行底面[110]极完全。薄片具挠性，有滑感。比重为2.66~2.90。主要由酸性火山岩和凝灰岩经热液蚀变而成，在某些铝质变质岩中也有产出。

山岩（火山碎屑岩），其后，在火山喷发的间隙或喷发结束之后，伴有大量的酸性气、热液活动，交代分解围岩中的长石类矿物，将K、Na、Ca、Mg和Fe等杂质淋失，而残留下来较稳定的Al、Si等元素，在一定的物理条件下重新结晶成矿，或由岩石中溶脱出来的Al、Si质溶胶体，沿着周围岩石的裂隙沉淀晶化而成矿。矿石的矿物成分以叶蜡石为主，其次为石英、水铝石和高岭石，少量黄铁矿。

寿山石按产状可分为“田坑石”“水坑石”和“山坑石”三类。田坑石指水田中零星产出的寿山石，其中田黄最为珍贵，人称“石帝”（图5-6）。水坑石产自寿山村东南2 km的坑头点山，山麓溪流发源地有一矿脉，东西走向，长期受地下水浸渍，矿石质地晶莹通透、色柔纯净，但一般块度较小。山坑石指山地岩石中的寿山石原生矿，呈脉状产出。由于所处地势较高，没有太多地下水浸灌，石质稍逊于水坑石。山坑石分布范围广，产量也很大。

2. 青田石

青田石产于浙江青田（图5-7）。主要组成矿物为叶蜡石，含少量绢云母、石英、硅灰石、绿帘石、一水硬铝石等。有白、黄、绿、青、褐、黑等多种颜色。按颜色、石质、透明度、纹理可分为20余个品种，以冻石最为名贵。

3. 昌化石

昌化石因产于浙江临安昌化而得名。昌化石矿物成分以黏土矿物地开石为主，含高岭石等黏土矿物。昌化石有白、黑、红、黄、灰等色，昌化鸡血石因所含红色辰砂矿物以浸染状或细脉状分布于地开石基质之上而成。昌化鸡血石（图5-8）是按照物质成分、透明度、光泽、硬度等

图5-5 寿山石原石

图5-6 乾隆田黄三链章

图5-7　浙江青田石雕件

图5-8　昌化鸡血石

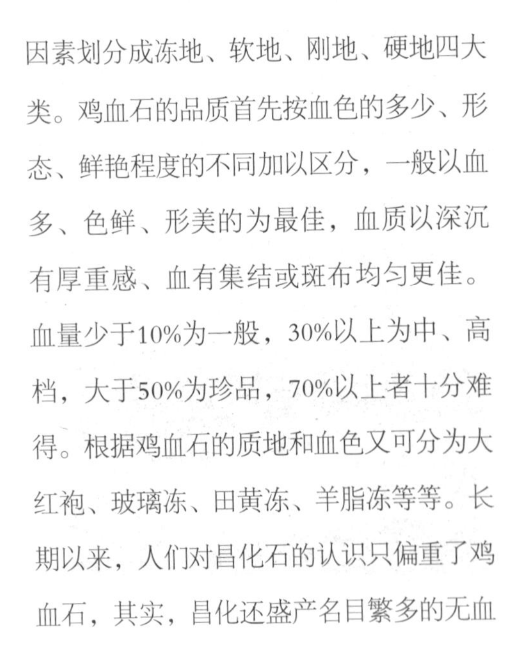

因素划分成冻地、软地、刚地、硬地四大类。鸡血石的品质首先按血色的多少、形态、鲜艳程度的不同加以区分，一般以血多、色鲜、形美的为最佳，血质以深沉有厚重感、血有集结或斑布均匀更佳。血量少于10%为一般，30%以上为中、高档，大于50%为珍品，70%以上者十分难得。根据鸡血石的质地和血色又可分为大红袍、玻璃冻、田黄冻、羊脂冻等等。长期以来，人们对昌化石的认识只偏重了鸡血石，其实，昌化还盛产名目繁多的无血石，仍可依据色彩、花纹、质地评价优劣，常见的品种有玻璃冻、田黄石、红花冻、绿昌石、鱼脑冻、鱼子冻等。

4. 巴林石

巴林石因产地在内蒙古自治区赤峰市巴林右旗而得名（图5-9）。巴林石主要由黏土矿物高岭石组成，含少量明矾石、叶蜡石、赤铁矿、黄铁矿、褐铁矿以及金红石、锆石、辰砂等，含辰砂者即为著名的“巴林鸡血石”。

图5-9 巴林石雕件

——地学知识窗——

板岩

板岩是具特征的板状构造的浅变质岩石。由黏土岩、粉沙岩或中酸性凝灰岩经轻微变质作用所形成。原岩因脱水，硬度增高，但矿物成分基本上没有重结晶或只有部分重结晶，具变余结构和变余构造，外表呈致密隐晶质，矿物颗粒很细，肉眼难以鉴别。有时在板理面上有少量绢云母、绿泥石等新生矿物，并使板理面略显绢丝光泽。

二、砚石

砚台是一种研墨和掭笔的文房器具，是中华传统文化的产物。我们把用来制作砚台的“石头”称作砚石。从岩石角度出发，砚石可划分为沉积岩和变质岩两大类。沉积岩大类砚石又有泥岩类、凝灰岩类和石灰岩类，变质岩大类砚石又有板岩类、千枚岩类和大理岩类砚石之分。从实用性观点看，能做砚石的岩石以板岩类居多，石灰岩类次之，大理岩类、千枚岩类、凝灰岩类和泥岩类较少。名扬天下的“四大名砚”中的前三者（*端石、歙石、洮河石*）主要均为板岩，也有部分端石为泥岩，而部分歙石为千枚岩。

广东端溪的端砚、安徽歙县的歙砚、甘肃南部的洮砚和河南洛阳的澄泥砚并称为“四大名砚”，其中尤以端砚和歙砚为佳。

1. 端砚

端砚始于唐朝武德年间，至今已有1 300余年，其石质柔润，发墨不滞，三日不涸，被誉为四大名砚之首。用于制作端砚的砚石产于广东肇庆。

端砚石原石属于泥盆纪桂头群，含凝灰粉沙质泥岩、水云母泥质岩、泥质岩、板岩或绢云母千枚岩等，显微鳞片结构，致密块状构造，硬度为3~4，质地细腻，抛光后呈油脂光泽。端砚石一般呈紫红、紫黑、青绿、青灰、深灰、紫蓝、紫等色，花纹数十种，较著名的有猪肝冻、鱼脑冻、蕉叶白、胭脂晕、青花、火捺、石眼、冰纹、金银线等。

端砚最大的特点是温润，具有发墨效果好、不损伤毛笔的优点。端砚的主要品种有老坑、坑仔岩、麻子坑、朝天岩、宣德岩、古塔岩和绿端石等。端砚石制作的砚台（图5-10）素来有石质优良，细腻嫩滑、滋润，发墨不伤笔头、呵气可研墨的特色。为此，古人评价端砚：体重而轻，质刚而柔，磨之寂寂无纤响，按之如小儿肌肤，温软嫩而不滑。

2. 歙砚

歙砚又称“龙尾砚”“婺源砚”。产于安徽省歙县境内，因古属歙州，故而得名。

歙砚石属华南纪止溪群海相泥砂质沉积的浅变质板岩、千枚岩。矿物组分主要为多硅白云母、绿泥石，含少量石英、碳质微粒黄铁矿，具显微鳞片变晶结构，板状构造。颜色多样，硬度为3~4，密度为2. 89 g/cm^3~2. 94 g/cm^3。

歙砚中著名的品种有龙尾砚、歙绿刷丝、雁湖眉子、缮肚眉纹、青绿晕石、仙人眉等。歙砚石所制砚台具有质地苍劲、色如碧云、声如金石、温润如玉、墨峦浮艳的特点（图5-11）。其石坚润，抚之

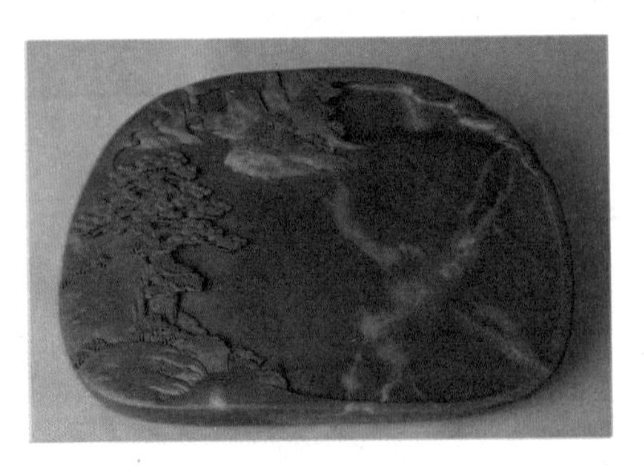

图5-10 端砚

图5-11 歙砚

如肌，磨之有锋，涩水留笔，滑不拒墨，墨小易干，涤之立净。自唐以来，一直保持其名砚地位。苏东坡赞其“涩不留笔，滑不据墨。瓜肤而谷理，金声而玉德。厚而坚，朴而重”。

3. 鲁砚石

鲁砚石指山东境内出产的砚石的总称。鲁砚石质地细腻、嫩润，坚而不顽，细而不滑，发墨快而细，不损毫。鲁砚石种类繁多，纹理丰富，五颜六色。其中，最具代表性的为红丝砚，其制砚用石为红丝石。红丝石产于潍坊境内，有很细的丝状弯曲纹理和变形缟状纹理萦绕石上，变幻多端，十分绚丽，再经能工巧匠精心制作，使红丝砚奇美传神。鲁砚石是我国制砚业的重要原料。鲁砚石的主要品种有红丝石、砣矶石、紫金石、燕子石、徐公石等。

（1）红丝石：产于青州黑山和临朐老崖崮，砚石为奥陶纪浅滨海潮坪陆台区沉积的砖红色灰黄色粉晶泥质灰岩。三国时代开始用于制砚。红丝砚（图5-12）为历代书画家所褒扬。西晋张华称：“天下名砚四十有一，以青州石为第一。”乾隆皇帝为青州进贡的两方红丝石砚，一方赐名“凤字砚”，并题写了砚名；一方赐名“鹦鹉砚”，并在砚台背面题诗“鸿渐不羡用为仪，石亦能言制亦奇，疑楚祢衡成赋后，镂干吐出一丝丝。”

图5-12 红丝石砚

自北宋以来，米芾《砚史》《苏轼帖》等等，都对红丝石砚赞扬有加。中国地质事业的奠基人之一章鸿钊先生在其所著《石雅》中云：“若砚台之最著称者，有如青州红丝石、绛州石、歙石与端石是也。古人慎重青州红丝砚，尤以苏易简、唐彦猷为最，以为歙、端所不及。其在益都西者，地质皆属寒武纪之灰石，而红丝石适产于是。此外，还有青州蕴玉石、紫金石、砣矶岛石、淄州金雀石。”

（2）燕子石：是寒武纪时期在海洋中沉积而成的含有三叶虫化石的薄层泥灰岩或灰岩。它是含有三叶虫尾巴化石的岩石，化石有一对尾巴大刺向后斜伸，形如展开的燕子翅，故名燕子石。主产于莱芜圣井、桑梓峪、口镇以及泰安大汶口、淄博南博山、济南港沟等地。用其制砚历史悠久，据史料载，两千多年前的齐人就用燕子石制砚，明清以来更多采用。用含有“蝙蝠虫”化石的“蝙蝠石”所制之砚，因蝠与福同音，而称为“多福砚”（图5-13），具有象征意义。所以，燕子石砚，既是文房用具，又被视为吉祥之物。

图5-13　燕子石砚

装点之石

岩石自古以来就是人们最常用的建筑材料，无论是皇宫建筑还是民风民居，无论是高楼大厦还是亭台楼阁，无论是公园园林还是广场道路，还有那纪念碑塔、牌坊、石雕等，到处有闪耀着岩石的身影。

一、园林石

中国古语云：“山无石不奇，水无石不清，园无石不秀，室无石不雅。”无石不成园，石头成为中国古典园林中最基本的造园要素之一，正是因为具备了象外之象、景外之景的生发能力，从而也成为园林意境营造的最佳要素。它既是古典园林的工程建筑材料，也是重要的造景材料、装饰材料。通过建筑与造景，又在园境营造中发挥着不可替代的独特作用。古代造园家通过对石头的巧妙利用和设置，体现出中国园林独特的山水自然情趣，也营造出了独具华夏审美特色的园林意境。

1. 灵璧石

灵璧石（图5-14）又名磬石，产于安徽灵璧浮磐山，是中国传统观赏石之一，也是中国古代乐器—磬的制作材料。其石质坚硬素雅，天然成型，千姿万态，融透、漏、瘦、皱、伛、悬、蟠、色诸要于一体。宋代诗人方岩赋诗赞曰“灵璧一石天下奇，声如青铜色碧玉，秀润四时岚岗翠，宝落世间何巍巍。”

2. 太湖石

太湖石（图5-15）又名窟窿石、假山石，为中国传统观赏石之一。太湖石系石灰岩长期经受波浪冲击和含二氧化碳的水的溶蚀而逐步形成，有水、旱两种。其以造型取胜，形状各异，“皱、漏、瘦、透”四性兼备。

3. 英石

英石是中国传统观赏石之一，产于广东英德，又称英德石。英石为石灰石之一种，宋代已见开采。英石分为阳石、阴石两类，阳石露于天，阴石藏于土。阳石按表面形态分为直纹石、斜纹石、叠石等。阴石玉润通透，阳石皱瘦漏透，各有特色，各有千秋。

4. 昆石

昆石又称昆山石，因产于江苏昆山而得名。昆石系石英脉在晶洞中长成的晶簇体，呈网脉状，晶莹洁白，剔透玲珑。按其形态特征可分鸡骨峰、杨梅峰、胡桃峰、荔枝峰、海蜇峰等品种。昆石开采已有2 200余年历史，受到历代文人雅士珍爱，宋代诗词大家陆游即有“雁山菖蒲昆山石，陈叟持来慰幽寂。寸根蹙密九节瘦，一拳突兀千金值”之赞。

5. 泰山石

巍巍泰山驰名中外，泰山奇石古朴珍惜。泰山是稳固的象征，自秦始皇后，历朝帝王均拜谒封禅泰山，以求其王朝长治久安。泰山石代表庄重和久远，许多重要建筑物基石均取材于泰山石，哪怕距离遥远也在

图5-14 灵壁石

图5-15 太湖石

所不惜。泰山石又是震慑邪气之石，“泰山石敢当”见于古今中外多地。泰山石也是吉祥、纪念、友谊和观赏之石。置其石于庭院、厅堂，有吉祥如意、返璞归真之感。

泰山石的主要特点：石体为自然形体，无人工雕琢的痕迹；块体千奇百怪，图案优美、逼真。泰山石（图5-16）主要为变质岩类，主要为片麻状英云闪长岩、混合岩类。形成时代为中新太古代。

二、石材

自然界中的各类岩石，只要在物理性能上符合工业指标要求，即一般须具备一定的地质和物理特性，易于开采，有一定的强度、颜色、花纹、硬度和光泽度，可进行加工，并能经久耐磨，具备运输方便等条件，均可称为石材。其一般最突出的特点是具有自然的美丽花纹和色泽，常加工成板材做建筑物的室内外饰面材料，或具有独具特色的图案、形态各异的造型，如拼花和雕刻。

天然石材一般可分为大理石石材、花岗石石材和板石石材3类，都是石材的商品名称，与地质学中的“大理岩”“花岗岩”“板岩”概念完全不同。

1. 花岗石石材

花岗石是指可以加工成装饰石材，硬度为6～7的各类岩浆岩和以硅酸盐岩为主的各类变质岩。常见的有辉石岩、角闪石岩、辉绿岩、蛇纹岩、流纹岩、玄武岩、安山岩、辉长岩、斜长岩、闪长岩、正长岩、花岗岩、白岗岩、霞石正长岩、霓霞岩、混合岩化片麻岩、混合花岗岩、变质硅质砾岩等各类岩石，符合工业指标要求者，均有可能形成花岗石石材。

花岗石矿床主要与岩浆作用有关，次为混合岩化作用。据此可分为中性至酸性岩、碱性岩、基性至超基性岩及混合岩等不同类型。基性岩石中主要矿物为黑色辉

图5-16　泰山石

石，岩石颜色以黑色为主；中性岩中暗色矿物以角闪石和斜长石为主，颜色显灰色；酸性岩中，长石是决定岩石颜色的主要因素，钾长石的加入使其呈红色或肉色，斜长石颜色为黄色时岩石显示淡黄色或者黄色。在碱性岩石中，碱性长石颜色决定了岩石颜色，如歪长石、霞石等，可使得岩石成为棕色、绿色、灰蓝色等；天河石、方钠石可使岩石成为蓝色，拉长石带有自然的多彩晕色。一些著名花岗石石材如图5-17至图5-20所示。

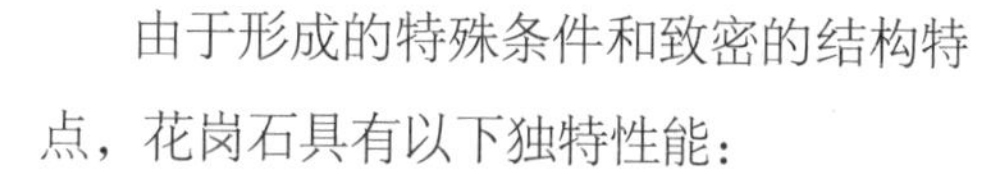

由于形成的特殊条件和致密的结构特点，花岗石具有以下独特性能：

（1）具有良好的装饰性能，适于公共场所及室内外的装饰。

（2）具有优良的锯、切、磨光、钻孔、雕刻等加工性能。其加工精度可达0.5μm以下，光泽度达100°以上。

（3）耐磨性能好，比铸铁高5～10倍。

（4）热膨胀系数小，不易变形，受温度影响极微。

图5-17 山东“济南青”

图5-18 岑溪红

图5-19 山东“荣成灰”

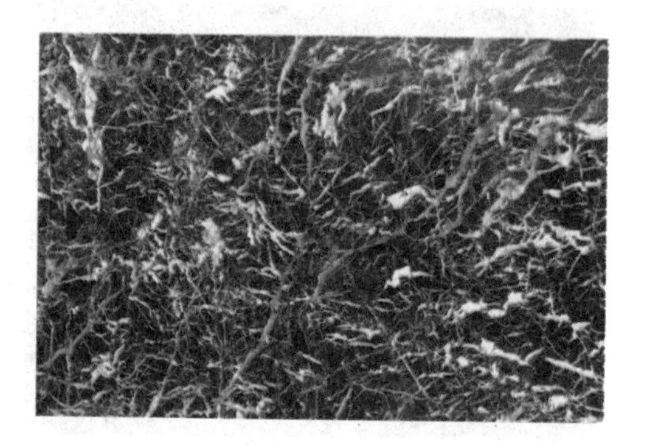

图5-20 辽宁凤城“杜鹃红”

（5）弹性模量大，高于铸铁。

（6）刚性好，内阻尼系数大，能防震、减震。

（7）具有脆性，受损后只是局部脱落，不影响整体的平直性。

（8）化学性质稳定，不易风化，能耐酸、碱及腐蚀气体的侵蚀。其化学性质与二氧化硅的含量成正比，使用寿命可达几百年。

（9）不导电，不导磁，场位稳定。

2. 大理石石材

大理石是指可以加工成装饰石材，硬度为3～5的各类碳酸盐岩或镁质硅酸盐岩以及它们的变质岩。常见的石灰岩、泥灰岩、白云岩、大理岩、白云石大理岩、蛇纹石大理岩、镁橄榄石矽卡岩等各类岩石，符合工业指标要求者，均有可能形成大理石石材（图5-21、5-22）。

大理石矿床可分为沉积型和变质型两大类。

沉积型大理石是沉积作用形成的石灰岩、白云岩等，主要成分是方解石、白云石或两者的混合物。微重结晶石灰岩、微晶石灰岩及能抛光的石灰华都被作为大理石石材使用，一般以中厚层构造为主（**薄层灰岩可作为板石使用**）。沉积型大理石具有许多鲜明的自然特征，如方解石的纹路或斑点、化石或者贝壳结构、坑洞、细长的纹理、蜂巢结构、铁斑、类似石灰华的结构以及结晶差异等。

变质型大理石是碳酸盐岩石经重结晶作用后形成的一种变质岩，通常伴随金属矿物、有机质、碳质、生物化石及泥质等不同成分构成的纹理。主要成分是方解石或白云石，含量为50%~75%，少量硅质、泥质矿物。石材表面条纹、花色分布一般较不规则，有的呈网状、条带状、条纹状，更多呈团块状、云朵状、山水画等图

图5-21　红皖螺

图5-22　雪花白

案。

大理石具有以下特性和优点：

（1）花色丰富，色彩柔和，装饰性能和装饰效果好。

（2）质地均匀，硬度适中，具有优良加工性能，适合加工成各种板材和雕刻各种造型。

（3）化学成分较为单一，不含有毒有害成分或含量极少，使用范围广泛。

（4）含孔洞的石灰岩大理石具有质轻、隔热保温、隔音吸音功能，适合现代建筑对新型材料的要求。

（5）有些大理石品种具有较强的透光性，可以用作灯罩、灯箱、隔扇、地板、墙壁的高档透光材料，高档豪华。

3. 板石石材

板石是指沿板理面或片理面可剥成片状或板状且具有装饰作用的沉积岩或轻微变质的各类浅变质岩。常见岩石有页岩、粉沙岩、薄层状石英沙岩、薄层灰岩、片岩、板岩、千枚岩、变粒岩等各类岩石，符合工业指标要求者，均有可能形成板石石材。

板石矿床按其成因可分为沉积型和变质型两类。沉积型以钙质页岩、薄层灰岩、沙岩、粉沙岩等岩石组成，变质型以板岩、千枚岩和变粒岩为主。从岩石化学成分和结构构造看，板岩和千枚岩实际成分也近似属于页岩系列，而变粒岩可近似属于沙岩系列，故可将板石划分为页岩系列和沙岩系列。

页岩系列板石根据成分可分为碳酸盐岩型板石（图5-23）、黏土岩型板石、碳质和硅质板石3类。页岩系列板石的结构表现为片状或块状，颗粒细微，粒度在0.001～0.9 mm之间，通常为隐晶结构，较为密实，且大多数具定向排列，岩石劈理十分发育，厚度均一，硬度适中，吸水率较小。板石的颜色多以单色为主，如灰色、黄色、绿灰色、绿色、青色、黑色、褐红色、红色、紫红色等。由于颜色单一纯真，给人以素雅大方之感。板石一般不再磨光，显示自然形态和自然美感。

沙岩石材特点是往往矿层厚，矿体完整性好，易于开采出大规格荒料。由于砂粒颗粒均匀，质地细腻，结构较疏松，吸水率较高（在防护时的造价较高），砂岩系列板石具有隔音、吸潮、抗破损、耐风化、耐褪色、水中不溶化、无放射性等特点。砂岩板石不能磨光，属亚光型石材，不会产生因光反射而引起的光污染，又是一种天然的防滑材料（图5-24）。

图5-23　碳酸盐岩型板石

图5-24　红砂岩

药用之石

许多岩石都是重要的中药用原料。中药学界将中药分成植物药、动物药、矿物药三大类。矿物药就是指经传统加工炮制作为药材、使用于传统医药的单矿物或矿物集合体，如石膏、滑石、方解石或高岭土乃至琥珀、石燕化石等，还有不少人工制品。仅《本草纲目》就列载134种，其中金属类28种，玉类14种，石类72种，卤石（能溶于水的矿物）类20种。

一、石膏

本品为常用中药（图5-25）。别名：石羔。

来源：为矿物单斜晶系含水硫酸钙矿石。石膏常生成于海湾、盐湖和内陆湖泊中形成的沉积岩中，常与石灰岩、黏土、岩盐共生。

图5-25　药用石膏

产地：主产于湖北省应城，以及山东、山西、四川、广东等省。

性状鉴别：本品多呈不规则的块片状，大小不一，为纤维状结晶的聚合体。

全体呈白色、灰白色或肉红色。天然横平面平坦，无光泽及纹理，并常附有青灰色或灰黄色片状薄泥石层。体重，质稍松软，易碎断，用指甲可以剥离。纵断面具纤维状纹理，并有绢丝样光泽。小碎块可用手捻成细粉。气无、味淡。以块大、色白、无杂石者为佳。

主要成分：生石膏为含水硫酸钙，煅石膏为无水硫酸钙。

药理作用：

（1）解热。经动物实验证实有解热作用。可能通过抑制产热中枢而起解热作用。而且，可能由于发汗中枢同时被抑制，故本品解热而不发汗，尤其适用于高热。解热作用较持久。

（2）镇静。石膏所含的钙质对神经肌肉有抑制作用，故烦躁用之合适；作为辅助治疗药物，对高热引起的抽搐也有一定的镇痉作用。

（3）消炎。因钙质能降低血管通透性，故有消炎作用。

炮制：生用或煅用。

性味：辛甘寒。

归经：入肺、胃、三焦经。

功能：清热降火，除烦止渴。

主治：壮热烦渴，肺热喘咳。谵语狂燥，因胃火引起的牙痛、头痛。为清解胃实热之要药。煅后外用生肌，敛疮，治烫火伤，痈疽溃疡等症。还可作石膏绷带治疗骨伤。

二、滑石

本品为常用中药（图5-26）。别名：画石、液石、脱石、冷石、番石、共石。

来源：系由辉石、透角闪石及叶状蛇纹石等变化而成。

产地：主产于山东、江西、山西、江苏、陕西、辽宁等地。

性状鉴别：呈不规则块状，大小不一。全体青白色、黄白色，半透明或不透明。手摸之有油脂样滑腻感。质较软而坚实，用指甲可刮下白粉；体较重而易砸碎。气无，味无而有微凉感。耐热（加热1 300℃～1 400℃亦不熔）。以色青白、滑润油腻、整洁、无杂石者为佳。

主要成分：为含水硅酸镁，也含黏土、石灰等。

药理作用：利尿渗湿、清热，作用较和缓；所含的硅酸镁有吸附和收敛作用，

图5-26　滑石

能保护肠管，止泻而不引起鼓肠，对治疗水泻尤为适宜。又体外试验，其煎剂对伤寒杆菌、脑膜炎球菌和金黄色葡萄菌有抑制作用。

炮制：轧成粉末生用。

性味：甘寒。

归经：入胃、膀胱经。

功能：利水通淋，清解暑热。

主治：种热燥渴，中暑吐泻，淋病水肿，吐衄血等症。

三、阳起石

别名：羊起石（图5−27）。

来源：为一种含硅酸镁的石棉类矿石。常见于各种变质岩中。

产地：主产于湖北、河南、山东、山西、河北、四川等地。

性状鉴别：本品呈不规则的条块状，大小不一。全体黄白色、青白色至青灰色，为纤维状结构。表面纤维状纹理，具光泽。体重，质松软，易剥离，断面不整齐，纵向破开呈丝状，柔软而光滑。气无，味淡。以黄白色、纤维状、质柔软、易撕碎者为佳。

图5−27　阳起石

主要成分：含硅酸镁、硅酸钙等。

功效与作用：壮阳温肾，兴奋性机能。

炮制：生用。

性味：甘，温。

归经：入肾经。

功能：温肾壮阳。

主治：下焦虚寒，阳痿，遗精早泄，子宫寒冷不孕，腰膝酸软，崩漏等症。

临床应用：治性机能衰退、阳痿、遗精、早泄、子宫虚寒，兼有腰膝冷痹等肾虚症状。常配其他助阳药，方如阳起石丸。

使用注意：本品只宜暂服，不宜长用。阴虚火旺者勿服。

用量：3~6 g，制丸散服，不入煎剂。

四、钟乳石

钟乳石为少常用中药。始载《神农本草经》，原名石钟乳。

来源：为一种钟乳状的天然碳酸钙，生于石灰岩山区的洞穴中。降水从洞顶岩层沿裂隙下渗，并不断溶解岩石（碳酸钙），这种水溶液渗入洞中后，因温度和压力发生变化，散发出二氧化碳，水分在空气中不断蒸发，使碳酸钙的浓度不断增

加，达到过饱和浓度时即结晶，年久逐渐增生成冰柱状的岩石。采下后，上部粗大者称钟乳石，其下部细如笔管者称滴乳石或鹅管石，而在洞穴下部向上生长者称石笋。

产地：主产于中南、西南、华东地区，北京、山西、陕西、甘肃等地亦产。

性状鉴别：钟乳石圆锥形或圆柱状的段块，大小不等，一般长5～20 cm，直径为2～7 cm。表面白色、灰白色或棕黄色，粗糙，凹凸不等，体重，质坚，断面洁白或有棕黄色相间，由略呈放射状结晶排成环状层次，显闪烁的亮光，中心多有一圆孔。气无，味微咸。加稀盐酸，产生大量气泡。以色白或灰白、圆锥形、断面有亮光者为佳。

主要成分：含碳酸钙。

功效与作用：壮阳、温肺。

炮制：生用或煅用，配方时捣碎。

性味：甘，温。

归经：入肺、胃、肾经。

功能：补肺、壮阳、通乳。

主治：肺劳咳嗽气喘、吐血、阳痿、腰膝无力、乳汁不通等症。

五、青礞石

本品为少常用中药（图5-28），始载《嘉祐本草》。

来源：绿泥石片岩是一种很普通的变质岩，主要由绿泥石（含铁、镁、铝的硅酸盐，云母片状矿物）组成。

产地：主产于浙江、江苏、湖北、河北等地。

性状鉴别：呈不规则的扁斜块状，大小不等。表面青灰色或灰绿色，微带绢丝样光泽。破开面有白星点，闪闪发光。体重，质软，用指甲可划下碎粉末，捻之松软，略有滑腻感。气无，味淡。以块整齐、色青、有光泽、无杂质者为佳。

主要成分：含硅酸盐。

药理作用：去积痰。除结热，定惊悸，其作用似为祛痰，镇静。

炮制：生用或煅用。

性味：甘、寒、平。

归经：入肺、肝经。

功能：消积化痰，止嗽定喘。

主治：痰壅气喘，惊痫抽搐，顽痰结聚，食积刺痛。

图5-28　青礞石

参考文献

[1]孔庆友. 地矿知识大系[M]. 济南: 山东科学技术出版社, 2014.

[2]李峰, 孔庆友. 山地地勘读本[M]. 济南: 山东科学技术出版社, 2002.

[3]汪新文. 地球科学概论[M]. 北京: 地质出版社, 1999.

[4]夏邦栋. 普通地质学[M]. 北京: 地质出版社, 1995.

[5]乐昌硕. 岩石学[M]. 北京: 地质出版社, 1984.

[6]徐九华. 地质学[M]. 北京: 冶金工业出版社, 2001.

[7]路凤香, 桑隆康. 岩石学[M]. 北京: 地质出版社, 2002.

[8]朱志澄, 韦必则, 张旺生等. 构造地质学[M]. 武汉: 中国地质大学出版社, 2008.

[9]朱莜敏. 沉积岩石学(第四版)[M]. 北京: 石油工业出版社, 2008.

[10]曾允孚, 夏文杰. 沉积岩石学[M]. 北京: 地质出版社, 1986.

[11]王建主. 现代自然地理学[M]. 北京: 高等教育出版社, 2001.